為什麼找不到好工作？

態度決定你的下一個工作

永續圖書線上購物網
讀品文化事業有限公司
www.foreverbooks.com.tw
yungjiuh@ms45.hinet.net

思想系列 67

為什麼找不到好工作？
態度決定你的下一個工作

編　　著　張東緒
出 版 者　讀品文化事業有限公司
執行編輯　林美娟
封面設計　姚恩涵
內文排版　王國卿

總 經 銷　永續圖書有限公司
TEL ／(02)86473663
FAX ／(02)86473660
劃撥帳號　18669219
地　　址　22103 新北市汐止區大同路三段 194 號 9 樓之 1
TEL ／(02)86473663
FAX ／(02)86473660
出 版 日　2016 年 9 月

法律顧問　方圓法律事務所　涂成樞律師
CVS 代理　美璟文化有限公司
TEL ／(02)27239968
FAX ／(02)27239668

國家圖書館出版品預行編目資料

為什麼找不到好工作？：
態度決定你的下一個工作／張東緒編著.
--初版. --新北市 ： 讀品文化, 民 105.09
面； 公分. -- （思想系列：67）
ISBN 978-986-453-038-0 (平裝)
1. 職場成功法　　2.態度
494.35　　105013205

前言

如果你滿足於現狀，那麼你就糟糕了。

在工作上有時你會害怕嗎？你有選擇的空間嗎？如果你怕，那是因為你還有別的選擇。

如果你無路可退，如果你沒有完成規定的業績，你只能滾蛋，而你的家人需要你的收入來維持生活。你還會選擇退縮嗎？

滿足於現狀的心態是我們通往成功路上的最大障礙。滿足於現狀使你沒有信心，懷疑所有的一切；總覺得創造力和成功與自己無關，這樣的你會把注意力放在一些微不足道的小地方，把原來可以用來創造的精力花在擔心可能發生的不妙後果上，因而錯過了發揮創造力的機會。

據說所羅門國王是世界上最明智的統治者，他曾說：「他的心怎樣思量，他的為人就是怎樣的。」

換而言之，你相信你能夠超越現狀，你就可能超越現狀，而如果你並不想這樣，那麼你就只能停留於現狀，甚至落到更糟糕的地步。

人不可能取得他自己並不想追求的成就。人不相信他能達到的成就，他便不會去爭取。當一個人對自己不抱很大的期望時，他就會給自己的才華澆冷水，他就會成為自己潛質的最大敵人。

對於現狀的態度有兩種：要麼滿足，要麼超越。當你所擁有的現狀會阻礙你才華發揮的時候，你所要做的就是打破它。人的才華是沒有極限的，唯一的限制來自你所接受的知識系統、道德系統和價值系統。

一個人的能力與才華究竟有多少，恐怕連他自己也不會知道。而我們的才華，就是在一次又一次的挑戰中被激發出來的。

不要想著你可以永遠保持你目前的狀況，要知道，一杯新鮮的水，如果放著不用，不久就會變臭。一家經營得很好的商店，店主如果不時常檢討調整改進，他的業績也必定會逐漸地衰落。同樣，一個人即使目前工作很不錯，眼前的事情都能應付得來，但是如果他不追求進步，有一天他會被自己的工作所拋棄。

一個積極成功者的特徵，就是他能永不停止隨時隨地的追求進步，永不滿足於目前的狀況。成功的人深深地害怕退步，害怕自己停下的腳步會被別人趕上，因此他總是自強不息的力求進步。一件事情做到某一個階段，決不能停止下來，而應該繼續努力，以求達到更高的階段。一個人在事業上自以為滿足而不再追求進步時，便是他的事業由盛而衰的開始。每天早晨，我們都應該下定決心，讓自己在工作中做得更好些，今天比昨天應該有所進步，而晚上離開辦公室、工廠或其他工作場所時，一切都應該安排得比昨天更好。堅持這樣做的人才能將自己的才華發揮出來，取得驚人的成就。

才能是可以從他人身上借鑑學習的，只要你不滿足於現狀，經常與外界接觸，常和其他競爭者接觸，那麼你一定可以從他們身上學到一些你並不擅長的技能，從而使自己突破自我局限。

那些老是待在一個環境中的人，必定要走向失敗的迷途。他們往往對現實狀況心滿意足，對存在的缺陷又毫不察覺。對於這種種缺陷，如果他們不改變自己的想法，他們是絕對發現不了的。

任何工作都不可能一帆風順。如果真的如你所願萬事大吉，那麼既失去了工作本身的挑戰性所帶來的樂趣，也讓人失去了對工作的熱情。風險總是與機遇並存，越有挑戰性的工作所能給予我們的發展空間也就越大。

關於不滿足於現狀，大多數人的弊病是，他們認為，要改變現狀，必須整體地改進。他們不知道改進的唯一祕訣，乃是隨時隨地的求改進，在小事上求改進。而只有這樣做，才能收到最好的效果，才能將自己的才華不停地發揮出來。

所以，千萬不要滿足於你的現狀，因為這樣的話，你的才華都會被埋沒掉，你總會覺得現在的工作很無趣，也許下一個應該會更好，如果是這樣的話，趕快醒來吧！

CONTENTS

目錄

2. 釋放你的工作激情

CONTENTS

3. 站在老闆的角度思考

目錄

4. 不要被工作的困難所嚇倒

CONTENTS

5. 無論怎樣，都要充滿自信

目錄

6. 創新是成功的靈魂

永遠等待的人，只會躲避，只會偷懶，他們停滯不前，最終無疑將被困難吞噬，被生活遠遠拋在後面；而積極進取的人努力拚搏，激流勇進，自己為自己負責，自己為自己開創新的天地。正是對待工作的心態不同，導致他們的人生也迴然不同。

1. Chapter
你還在滿足於現狀嗎？

等待和沉淪是人生的毒藥

絕大多數人習慣於消極等待，因為他們不願意花費力氣主動去尋找自己前進的道路，只把希望寄託在可遇而不可求的機遇上，或者希望別人伸出援助之手，這種消極等待的心態釀成了很多失敗的悲劇。

對於總是消極等待的人來說，他們既沒有積極主動的精神去認識環境，更沒有足夠強的能力去駕馭環境的變化。他們不善於培養自己發現「身邊的機遇」的習慣，總以為機遇在遙不可及的地方，總是消極等待機遇的出現，那麼談何抓住機遇、掌握命運呢？更有甚者，即使天上掉下來的禮物砸到了頭上，他都還沒有知覺，白白的錯過了機遇，那麼留給他們的，則是無法挽回的損失和無窮的悔意。

「中美洲」號失事之後，有一位船長講述了自己曾經提出過援助但卻未果的故事。

「那天晚上，我們碰到了不幸的『中美洲』號。天正在漸漸地黑了下來，海上風很大，波浪滔天，一浪比一浪高。我給那艘破舊的汽船發了個信號打招呼，問他們需不需要幫忙。」

「情況正變得越來越糟糕。」亨頓船長朝我們喊道。

「那你要不要把所有的乘客先轉到我的船上來呢？」我大聲地問他。

「現在不要緊，你明天早上再來幫我好不好？」他回答道。

「好吧，我盡力而為，試一試吧。可是你現在先把乘客轉到我的船上不是更好嗎？」我回答他。

「你還是明天早上再來幫我吧，現在還不用！」他依舊堅持道。

後來當亨頓船長意識到了問題的嚴重性，想要向救生船靠近以轉移乘客的時候，卻由於晚上天黑浪大，怎麼也無法固定位置了。就在亨頓船長與他對話後的一個半小時後，「中美洲」號連同船上的那些乘客就永遠地沉入了大海。

生存的希望或者可貴的機遇往往就那麼一閃而過，如果不及時抓住，哪怕只是片刻的猶豫，都會釀成無法挽回的悲劇，令人追悔莫及。亨頓船長面臨著可貴的生存機遇，卻沒有及時抓住，等到災難發生的時候，才意識到這個機會的價值。然而一切都來不及了，自責沒有用，悔恨也不能解決問題，他的盲目樂觀與優柔寡斷使得多少乘客成為了犧牲品！

雖然我們生活中可能沒有這麼驚險的事情發生，但是仔細想想，確實有不少像亨頓船長一樣的人，他們與其說缺乏做好事情的能力，不如說缺乏敏銳的眼光和決斷的能力。多少可貴的機遇就在他們的優柔寡斷中溜走了，只有在經歷過痛苦之後，他們才幡然悔悟，機不可失，時不再來！然而一切都為時已晚。

這種人總是不能很好地把握時機，要麼太早，要麼太晚。在孩童時期，他們就總是遲到，做事情總是比別人拖沓，就這樣慢慢養成了「慢半拍」的習慣。到了需要他們承擔責任的時候，他們才開始後悔。可是這種後悔又讓他們陷入了無止境的自責之中，他們悔恨於曾經白白浪費了多少可以賺錢的機會，或是白白放過了多少可以彌補這些損失的機會。然而，當他們沉浸在過去的悲傷或者將來的憧憬時，他們更看不到此時此刻的機遇，因為他們被過去的傷痛遮住了眼睛。他們的優柔寡斷使他們永遠不能用快速的行動去抓住眼前的機會，而他們的無盡悔恨又使得他們錯失了未來的機遇。

等待只會讓人慢慢消耗完青春，沉淪只能讓人慢慢磨滅了意志。相反，如果你能做一個積極進取的有心人，不甘於等待和沉淪的話，你甚至可以從逆境中走出來，開創自己的人生。

約翰・威爾遜先生的事業在經濟衰退期曾經經歷過不小的衝擊，當時他已經到了要宣告破產的地步，不但身負巨債，更有許多債權人威脅著要打官司。事實上，已經有很多債權人將他告上了民事法庭。在這種走投無路山窮水盡的情況下，破產對約翰來說是遲早的事情。

在這期間，約翰整個人變得意志消沉，憔悴萎靡，每天的上班對他來說已經成為一件非常痛苦的事。只要一踏入公司，討債的電話便蜂擁而至，刺痛他全身的每個細胞。有一天，他在下班搭乘地鐵的途中，讀到了一本雜誌。其中一則記載某位人士買下一家即將倒閉的公司並將之重新整頓的報導深深地吸引了他。

「他都能夠挽回破產倒閉的命運，為什麼我就不能呢？我應該也可以做得到。」約翰的心底重新燃起了希望之火，他開始從「辦得到」、「做下去」的觀點來重新衡量事物。

他仍然會以委靡不振的樣子出現在公司嗎？不，完全相反。第二天一大早，他匆匆忙忙乘坐地鐵，一進公司便要求經理將所有債權人的電話都整理出來。

然後他開始打電話給每一位債權人：「能不能請你再寬限一段時間，只要再過幾個月，我一定會將欠你的錢連本帶利一起還給你……」他用一種從來沒有過的誠懇態度來請求對方。

憑著真誠自信的語氣，約翰竟然使得所有債權人都答應了他的要求。負債的壓力一消失，他便集中全部精力在公司的業務上，由於他的信心和勇氣，這家公司又順利接下許多訂單，不久，他公司帳簿上的赤字逐漸消失，開始轉虧為盈。

就這樣，約翰用他的勇氣使公司起死回生，終於擺脫了困境，走向了成功。而與約翰處於同一境地的許多人，都在等待中相繼破產，過著潦倒的日子。

後記

從約翰的故事中我們可以看出，處在困境中，如果你甘心忍受困境的擺佈，什麼都不去做的話，那麼等待你的就必然是更大的失敗和挫折。反正事情不可能比現在更壞，為什麼不乾脆放手一搏呢？如果你主動去做些什麼，事情反而可能會有轉機。

不要讓自己陷入絕望中

生活中，如何承受打擊和挫折對我們來說是人生最大的挑戰。

亞瑟·米勒有一本劇作《推銷員之死》，書中的男主角沒有辦法承受生活的打擊，理想的喪失使他絕望，徹底地摧毀了他。

在你的生活中，可能會遇到這樣的情況：事情沒有成功，或沒有朝自己期望的方向發展，甚至完全背離；你沒有辦法獲取你所期望的東西，或者你覺得某件事情你根本沒有能力辦到。當這些事情對我們來說非常重要的時候，你的挫折感和失望感將會使你走向極端——絕望。

傑克自從進入公司以後，一直期望有一個升職的機會。他工作非常勤奮，每天都在公司加班到很晚，當然，他的辛苦並沒有白費，他的上司墨菲對他這一點非常讚賞。於是有一天，墨菲拍著他的肩膀對他說：「夥計，好好幹，在這個部門裡，你是最有可能被提升的！」

這句話給傑克帶來了無限的希望，他開始設想新的職位可能帶來的變化：工作更加輕鬆、有趣，薪金也會增加，他可以住進更好的房子。

不幸的是，在預期提升的前兩個月，墨菲被調職了，傑克升職一事被擱置。而更糟糕的是，兩個月後，傑克發現，他一直渴望的職位被另一個人頂替了，與升職有關的所有計劃、期望和目標都化為泡影。

他為此深感憤怒，繼而陷入絕望之中。他告訴自己，事情從來都不會對他有利，再努力也是白費。他反覆考慮這件事的不公平性，卻沒有能力改變現狀。於是他開始埋怨：我早應該料到這一點，我應當有信心去找另一份工作，但我沒有。他們只是在利用我，這不公平，他們應當意識到，墨菲已經答應提升我了，他們在最後關頭奪走了我的機會。我無法面對這一切，什麼也改變不了，我的前途被毀了！

傑克開始陷入絕望之中，開始覺得自己是個失敗者，辛勤工作獲得升職不再是他的目標，他開始墮落的一天到晚泡在酒吧裡，之後，他的絕望毀了他，他接到了公司的解聘信。

要知道，在我們的生活中，我們很有可能遇到像傑克一樣的事情，原來所設

想的最後沒有實現，這或多或少會讓人感覺不愉快，但就算我們再不愉快，這樣的事情也已經發生了，與其讓這些無可挽回的事實破壞我們的情緒，摧毀我們的前程，還不如坦然接受和適應它們。

假如你像傑克一樣將自己陷入絕望中，不停地暗示自己是個失敗者，那麼，你就會真的成為一個失敗者，所以，千萬別讓自己陷入絕望中，要知道，這種自我暗示會讓你的想法變成事實。

我們最大的力量，往往是從我們的內心開始產生的，正如我們最大的敵人是我們自己一樣。消極絕望的自我暗示，往往可以將人帶向毀滅。

心理學家曾經做過一個著名的試驗。他們找來一個被判處死刑的囚犯，告訴他，他將被用刀割破靜脈，讓血慢慢流乾而死。在徵得他的同意後，罪犯被綁起來，並被蒙住雙眼。然後，醫生明確告訴他，現在開始用刀割開他的靜脈。但實際上，醫生只是用刀背在他的手腕上劃了一下，在他的身邊放了一個滴水的裝置，讓罪犯以為是他的血在滴落。開始的時候，聽到水滴落的聲音，罪犯不停地掙扎，表情很痛苦。慢慢地，隨著醫生故意將水滴落的速度減慢，造成犯人的血快流乾的假象，犯人也逐漸由掙扎變成痙攣，並在水快要滴乾的時候真的死去了。

看，假如你一直陷入絕望之中，一直對自己說：「我再也沒有希望了！」那麼你就真的沒有希望了。而假如你能夠讓自己從絕望中走出來，那麼在你的面前仍然會有一條充滿希望的路。

五年前，一直勤奮工作的老職員湯尼死於心臟病。他的伴侶桑德拉悲慟欲絕，自此以後，她便和成千上萬的人一樣，陷入了孤獨與痛苦之中。

「我該做些什麼呢？」在湯尼離開她一個月之後的一天晚上，她跑到牧師那裡求助，「我將住到何處？我還有幸福的日子嗎？」

牧師告訴她，她的焦慮是因為自己身處不幸的遭遇之中，才五十多歲便失去了自己生活的伴侶，自然令人悲痛萬分。但時間一久，這些傷疤和憂慮就會慢慢減緩消失，她也會開始新的生活，從痛苦的灰燼中建立起自己新的幸福。

「不！」她絕望地說，「我不相信自己還會有什麼幸福的日子。我已經不再年輕，孩子也都長大成人，成家立業。我還有什麼地方可去呢？」可憐的女人得了嚴重的憂鬱症，而且不知道該如何治療這種疾病。她為自己的命運自怨自艾。

後來，她覺得孩子們應該為她的幸福負責，因此便搬去與一個結了婚的女兒同住。但事情的結果並不如意，她和女兒都面臨到一些痛苦的問題，甚至惡化到大家翻臉。她後來又搬去與兒子同住，但也好不到哪裡去。後來，孩子們共同買了一間公寓讓她獨住。

她又來向牧師哭訴說所有的家人都棄她而去，沒有人要她這個老媽媽了。

牧師對她說：「我想你並不是想引起別人的同情或憐憫，無論如何，你可以重新建立自己的新生活，結交新的朋友，培養新的興趣，千萬不要沉溺在舊的回憶裡。」

她終於聽從了牧師的勸告。她開始擦乾眼淚，換上笑容，開始忙著學習畫畫。她也抽時間拜訪親朋好友，儘量製造歡樂的氣氛，卻絕不久留。沒多久，她開始成為大家歡迎的對象，不但時有朋友邀請她吃晚餐，或參加各式各樣的聚會，並且還在社區的會所裡舉辦畫展，處處都給人留下美好印象。她的子女也與她和好如初。

後來，她參加了「地中海之旅」。在整個旅程當中，她一直是大家最喜歡接近的目標。她對每一個人都十分友善。在旅程結束的前一個晚上，她的房間是全船最熱鬧的地方。她那自然而不造作的風格，讓每個人都留下了深刻的印象，並願意與她為友。

從那時起，這位婦人又參加了許多類似這樣的旅遊。她知道自己必須勇敢地走進生命之流，才能夠擺脫絕望。她成功了，她的所到之處都留下了愉快的氣氛，人人都樂意與她接近，而她也在其中得到了快樂。

後記

要記住，有些時候，與其讓自己陷入絕望之中，倒不如再次創造機會。易卜生曾經說過：「不因幸運而故步自封，不因厄運而一蹶不振。真正的強者，善於從順境中找到陰影，從逆境中找到光亮，時時校準自己前進的目標。」偉大的發明家愛迪生不就是在無數挫敗的基礎上發明電燈的嗎？所以，在我們的生活中，永遠沒有徹底的失敗，記住過去的慘痛教訓，勇敢努力地去創造新的未來才是你的最佳選擇。

主動出擊，抓住工作中的機遇

人生在於規劃，機遇是實現人生夢想必不可少的條件，然而機遇與那些只是需要工作、消極等待的人是沒有緣分的，它只垂青於那些富有進取意識和創造力的人，就是那些被工作所需要的人！

你也許會奇怪，在相同情況下，有的人創造了機遇走出困境，而有的人卻與機遇擦肩而過，深陷困境不能自拔。其實，機遇往往是隨著人們積極行動的過程而出現的，這種積極的準備本身就是一個創造機遇的過程。

誰都渴望成功，誰都有財富夢想，可是真正成功的又有幾人？他們不是運氣不夠好，也不是上天不垂青，只不過是因為他們尚停留在空想的階段，從沒有付出努力去爭取。這些人習慣了過一種安穩悠閒的生活，在肉體和精神上變得怠惰。然後漸漸地，他們對自己說：「哦，你瞧，我這樣的生活也不錯，至少我還活著，有一份可以餬口的工作！」然後有一天，當他們因為缺乏工作熱情被老闆辭退的時候，他們又對自己說：「哦，你瞧，其實沒有工作也沒什麼，至少還可以領失業救濟金呢！」就這樣，這些人的生活品質一天糟過一天，日子在他們的等待中變得越來越壞。

亨利・福特是美國密歇根州的農場主之子，他的父親是愛爾蘭移民，來美國時一文不名，福特卻成為了福特汽車工業的創始人，他的經歷不得不說是一個傳奇。年輕時候的福特在愛迪生公司的底特律的分廠擔任機械工程師，作為一名新來的技師，亨利的工作是很辛苦的。起初，亨利的工作主要是在一個變電所負責各種機器的安裝和檢修，而且是夜班，也就是從下午六點到次日清晨六點工作，而月薪才四十五美元。

雖然工作辛苦，但是亨利一到了這種四周擺滿了機器、空氣中瀰漫著汽油味、發動機的聲音震耳欲聾的環境裡便彷彿是如魚得水。由於他那種從小就培養起來的對機器近乎狂熱的愛好，他的工作態度十分認真，對新技術的理解、掌握和運用也逐漸地得心應手起來，一年後，亨利就從變電所調到了愛迪生照明公司總廠。又過了幾個月，他被提升為公司的副總機械師，月收入也升到了七十五美元，再過了幾個月，亨利・福特成了底特律愛迪生照明公司的總機械師，月薪一百美元，這在當時是相當高的收入。

雖然已經是總機械師，但是亨利仍然像以往一樣勤奮地工作。這時的亨利，經濟已經有了一定的基礎，舒適的工作條件也都已經具備了，可是他並沒有因此而滿足、鬆懈下來。他經常翻閱《美國機械師》雜誌，他心中常常在想如何才能實現那個從兒時起就縈繞在自己腦海中的夢想。於是他在家裡搞了一個工作室，在工作之餘便與一些志同道合的夥伴研究汽車，他的命運也隨之發生轉變。

一八九六年，他終於造出了一輛能夠運行的車，這給了福特極大的鼓舞，使他繼續在這條路上堅定不移地走下去。在一八九七年一月到一八九八年底的兩年時間裡他在自己簡陋的工棚裡設計並製造出了兩台汽車。

一八九九年八月五日，在底特律市卡斯大街一三四三號，底特律汽車公司正式成立了。亨利‧福特如願以償，任公司的機械主管和總工程師，並在新成立的公司中持有股份，新公司的資本為十五萬美元。

新公司成立時也召來了大批記者，消息傳遍全市，這時愛迪生照明公司底特律分公司的總經理亞歷山大‧道坐不住了，八月十五日那天，他把亨利找來，兩人在道的辦公室進行了一次談話。

「亨利，報紙上的消息我看到了，祝賀你！不用我再多說什麼，你的才能是有目共睹的，你是我們公司最有才能的人，我們大家都非常相信這一點。」道還是很客氣的，緊接著他把話題一轉，「可是作為多年的朋友，作為你的上司，我不得不遺憾地指出，你現在所做的這一切是錯誤的。」

「為什麼？」亨利問。

「因為你現在在外面所做的一切是沒有意義的，汽油怎麼能作為運輸工具的動力源呢？」道擺手制止了亨利的辯解，又說：「我衷心地希望你把精力用在咱們公司的那些機器上，好好在電上動動腦筋，用你研究車的那股勁頭，看看能不能搞出點名堂來，別再去管外面的事情了，把那些不相干的事辭了吧！」接著，道又開出了一個誘人的條件。

「年輕人，在公司裡我又不大懂技術，總想物色一個合適的人選來擔任公司的總管，到目前為止，我覺得你是最合適的。請你考慮一下我說的話，然後給我一個答覆。好嗎？」

「我已經考慮好了，先生！」亨利回答。

「你同意了？」道有些驚訝。

「不，我決定辭職，辭職報告明天送來，非常感謝您這些年來對我的信任和照顧！」

就這樣，亨利離開了愛迪生照明公司，開始了他的汽車之路。

試想一下，假使亨利在這個時候安於現狀，繼續留在愛迪生照明公司，恐怕汽車的歷史都要被改寫。

後記

成功很多時候都與智商的高低無關，生活和事業中其實沒有多少權謀機詐，不需要多高的智商。不要等待專屬於你的機會出現，而要創造機會——就像那個牧羊人的孩子弗格森用一串串的珠子來計算天上的星星一樣為自己創造機會，就像喬治・史蒂芬森在骯髒的煤礦馬車旁邊用粉筆來得出一個數學定律一樣去創造機會，就像拿破崙在近百種「不可能」的情況下為自己創造出了偉大事業一樣去創造機會。

記住，想要成功，最關鍵的是，你夠不夠主動，你夠不夠積極。

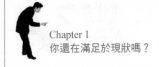

不要讓惰性操縱你的人生

人都是有惰性的。

睡在暖洋洋的陽光下不想起來；坐在樹蔭下聊天消磨時光；不願工作或沉迷於遊樂場中流連忘返……這些行徑致使好多應該做的事情沒有做，也使好多本應成功的人庸庸碌碌，其罪魁禍首就是懶惰。懶惰是潛藏在每個人身上的敵人，可惜很多人無法靠激勵機制調整情緒和幹勁，因此無法打敗惰性。成就大事者的人生習慣是，必須讓惰性在身上死掉，否則在任何時候你都會是一個平庸者。

懶惰還容易養成拖拉的習慣。懶惰的人在工作時一直處於低迷的狀態，凡事都能偷懶就偷懶，能少做就少做，實在是沒有辦法偷懶的時候，再去慢慢地做一點，然後再拖延幾天。這樣一拖再拖，就有很多事情被延誤了下來，久而久之就會養成拖拉懶散的壞習慣。最初可能只是由於猶豫不決才拖延事情，但等到一個人養成了拖延的習慣，就會有眾多藉口導致懶惰無休止的繼續下去。

對於拖延的人，無論用什麼理由都不能使他自覺放棄拖拉的習慣。拖延並非人的本性，它是一種因缺乏激情和動力而養成的惡習，因此是一種可以得到改善的壞習慣。這個壞習慣並不能使問題消失或者使解決問題變得容易起來，而只會製造問題，給工作造成嚴重的危害。推脫或懈怠不僅會延誤最佳的時機，更會損壞企業的利益。

安東尼曾經是一個部門的主管，但是有一天，因為他沒能及時做出關鍵性的決定而使公司蒙受損失，為此，上司不得不將一封解聘信交給他。

他對上司解釋說：「這並不是我的錯，你知道，我的工作實在是太多了，我每天一醒來就一頭栽進工作堆裡，忙得焦頭爛額，連喝杯水的時間都沒有，甚至我連睡覺的時間都在想著工作的事情。那麼多的文件等著我看，我怎麼可能及時地將它們一一看完並及時做出決定呢？」

為了讓他心服口服，上司將他帶到與他同屬一級主管傑克遜的辦公室去看看人家是如何工作的。當他們來到傑克遜的辦公室時，他正在接聽一個電話。聽得出來，和他通話的是他的一個下屬，傑克遜很快就給對方做出了工作指示。剛放下電話，他又迅速簽署了一份祕書送進來的文件。接著又是電話詢問，又是下屬請示，傑克遜都馬上給予了答覆。

上司轉過頭對安東尼說：「你現在明白你的毛病出在哪兒了嗎？傑克遜是現在就把經手的問題解決掉，而你卻無論遇到什麼事都先接下來，等過會兒再處理，結果傑克遜的辦公桌上空空如也，而你的辦公桌上的文件卻永遠堆積如山。所以，公司解雇你並不是因為你的這一次失誤，而是因為你一貫的惰性。」

一個人若想要在自己的事業生涯中取得成功，祕訣就在於克服自己的惰性，從現在開始，別再把事務拖延在一起後才去集中處理，而是行動起來，立刻去做好正在經手的每一件事。不要有那種「我待會兒再做」或者「這件事情並不緊急，我明天再做」的想法。不論是「待會兒」或者是「明天」，你所做的無非都是拖延時間而已，透過這種暫時性的逃避你雖然換得了片刻的輕鬆，但是這樣的你恰恰就是公司裁員的必然對象。

有一句家喻戶曉的俗語幾乎可以成為很多人的格言警句，那就是：任何時候都可以做的事情往往永遠都不會有時間去做。我們的惰性常常使得我們做事拖沓，抓不住寶貴的時間，所以，不讓自己拖延是克服我們的惰性的第一步。

後記

這是一個時間就是金錢的時代，任何低效率都可能錯失良機，更何況把事情拖延而不去執行呢！有了任務就應該及時去做，不拖延、不找藉口，同時，自己的能力和素質也會得到很大提升，更能使自己的人品被旁人信賴，還可以很好地維護公司的利益，這樣才能表現自己的敬業與忠誠。要時刻牢記：落實任務是不能拖延的，從現在開始用「立即執行」的好習慣取代「拖延」，讓我們和懶惰說再見！

得過且過是消極的人生觀

得過且過的人，不管在生活中還是工作中，總是一副無所謂的樣子。他們沒有自己的人生目標，沒有自己的計劃，整天無所事事，漫無目的地遊蕩。他們所謂的人生哲學就是：當一天和尚撞一天鐘！這是一種消極的生活態度，也是一種消極的人生觀。

消極的等待是絕大多數懶惰者共同的特徵，因為他們不願意花力氣主動尋找自己的出路，只把希望寄託於某次偶然出現的機遇或者貴人相助的神話。這種消極等待，造成了一些人無法成就事業的悲劇。

對於消極等待的人來說，想要改變失敗的命運，首先就要改變消極的心態。永遠記住，心態決定事業的成敗。當你積極主動地去創造條件、去尋找機遇，不僅可以一步步地走出困境，還可以一步步地接近成功。

有這樣一個故事，對我們每個人都有所啟發：

塞爾瑪陪伴丈夫駐紮在沙漠的陸軍基地裡，她丈夫奉命到沙漠裡去演習，她一人留在陸軍的小鐵皮房子裡，天氣熱得讓人受不了，即使在仙人掌的陰影下也是華氏一百二十五度（攝氏五十二度）。沒有人可以談天，只有墨西哥人和印第安人，但他們不會說英語。她非常難過，就寫信給父母說要丟開一切回家去。她父親的回信只有兩行字，這兩行字卻永遠留在了她心中，完全改變了她的生活。

兩個人從牢中的鐵窗望出去，一個看到泥土，一個卻看到星星。

塞爾瑪一再讀這封信，覺得非常慚愧。她決定要在沙漠中找到「星星」。塞爾瑪開始和當地人交朋友，他們的反應使她非常驚奇，她對他們的紡織、陶器表示興趣，他們就把他們最喜歡，捨不得賣給觀光客人的紡織品和陶器送給了她。塞爾瑪開始研究那些讓人入迷的仙人掌和各種沙漠植物，又學習有關土撥鼠的常識。她觀看沙漠日落，還尋找海螺殼，這些海螺殼是幾萬年前當這沙漠還是海洋時所留下來的……原來難以忍受的環境變成了令她興奮、流連忘返的奇地。

是什麼使這位女士內心有了這麼大的轉變？沙漠沒有改變，印第安人也沒有改變，但是這位女士的念頭改變了，心態改變了。心態的不同，使她把原先認為惡劣的情況變為一生中最有意義的冒險。她為發現新世界而興奮不已，並為此寫了一本書，並以《快樂的城堡》為書名出版。她從自己造的牢房裡看出去，終於看到了星星。

我們最大的敵人就是我們自己。許多人難以成事，關鍵就在於心態上的失敗，他們無法讓自己走出消極心態造成的心理誤區，很難以積極主動的態度做自己的事。如果要想有所成就，必須牢固樹立積極成功的心態，徹底清除和控制消極失敗的心態。如果我們能學會用積極的心態從正面看問題，就會為自己定下的目標而不停地進取。

後記

在工作和生活之中，我們要徹底捨棄消極的思想，用積極主動的心態去生活，去工作，去認識和把握困境，去適應環境的變化。積極進取，努力創造條件，尋找機遇，一步步走向成功。

不放過眼前的每個機會

機會女神不會永遠在我們的房子前面敲門，很多時候，她只會拜訪有準備的人。想要成功的你就必須在生活中時刻注意可能出現在你面前的每一個機會，牢牢地抓住它，那麼你就把成功抓在了手裡。

我想你大概聽說過這個故事：

有一位名叫米曼的女士發現，她穿的長筒絲襪老是往下掉。她曾經在逛公園或是去公司上班的時候，絲襪掉了下來，這種經歷令她非常尷尬，就算是偷偷地將絲襪拉上來也是不雅。這時她想到，其他的婦女也一定會遇到這種困擾，於是她靈機一動，抓住了這個機會。

她開了一家襪子店，專門出售不易滑落的襪子等用品。襪子店並不大，每位顧客平均可以在一分半鐘內完成現金交易。就是因為米曼抓住了這個小小的細節，她的店目前分佈在美、英、法三國的襪子店多達一百二十家。她從一個小職員變

成了一個擁有自己成功事業的人。

生活中碰到襪子下滑的女士何止千萬，但能夠因此而觸發靈感要開一家襪子店，解決這個小小的尷尬問題的人卻寥寥無幾，而米曼正是這少數人中的一個，她抓住了這個機會，取得了成功。

可見，做生活中的有心人，抓住每一絲靈感，抓住每一個機會，將會使你受益無窮。看看茱迪的故事，你會更相信這一點的。

一九八〇年七月，茱迪失業了，她是兩個十多歲女孩的母親，她離了婚，沒有了固定的收入，真不知道如何過活。再加上她中學還未畢業，又沒有一技之長，再找到一份好工作的機會看來非常渺茫。

茱迪選擇投身地產業，但不幸的是，她選在了地產業最不景氣的一段時間入行。結果，她失敗了。但她沒有氣餒，她決定去夏威夷碰碰運氣。於是旅費籌足了之後，她帶著兩個女兒返回到她們的出生之地——夏威夷。

回到夏威夷，因為要擁有一件既要有夏威夷寬裙那麼舒服，款式又要適合參加非夏威夷式的聚會衣裳，她四處找尋。但發現這種夏威夷寬裙只有一個尺碼，並且花樣看起來很相似，沒有什麼特別的、與眾不同的設計。加上它們都是用夏威夷的印花布縫製而成，對於用來參加夏威夷其他色彩不濃的社交場合，就一點也不適宜了。

茱迪靈機一動，決定動手設計與眾不同的裙子。她買了一塊帶「美國本土」色彩的花布，然後就著手為自己縫製一條有花邊的寬裙。她把這條裙裁製得寬鬆合身，既舒服，又不會失去設計和線條美。她穿上這條裙子出席各種社交場合，結果證明，這種裙子非常引人注目。

房東的妻子非常喜歡這條寬裙，於是就請茱迪為她縫製一條。

茱迪說：「當然可以，不過我要先替你量尺寸。」

女房東非常驚異：「量身縫製的寬裙？一條為我量身而做的夏威夷寬裙？」

茱迪回答說：「當然了，我擅長為人縫製量身訂做的夏威夷寬裙，袖子是依你手臂的長度而縫的，而肩膀的寬鬆也會按你的身形而做。」

毋庸置疑，這在縫製夏威夷寬裙上是一大突破。聰明的茱迪沒有錯過這個機會，她開始考慮自己製作這種裙子出售。當她開始有這個想法的時候，她並沒有急於去做，而是問了自己四個問題，以檢驗自己的想法會不會獲得成功。

第一個問題是：它是否實用，能否滿足人們一項重要的需要？茱迪知道夏威夷寬裙是極其實用的，因為任何大小尺碼的女士都可以穿。就算過胖的人穿上這種裙子，她們的身材也會被掩飾得天衣無縫。毫無疑問，夏威夷寬裙相當有市場。

第二個問題是：它可以做得更美觀嗎？茱迪想，當然可以！這種寬裙可以做得比現在更時髦，它們也可以有美國本土那些禮服那麼多款式，只要在這裡多加一塊，那裡修窄一點，加層花邊……

第三個問題是：它可以做成有別於其他樣式的嗎？茱迪認為，只要她不用夏威夷的印花布，而改用美國本土的布料，這種寬裙就可以用來參加非夏威夷式的派對了。

第四個問題是：它是否比市面上所出售的裙子更好，可以獲得優質標誌？她的答案當然再明顯不過了。這些夏威夷寬裙不但實用、美觀、與眾不同，而且比市面上所出售的，無論在手工和款式上都更為物超所值。

於是茱迪就以一條裙賣到一百美元以上的自信開業了。茱迪一個月就能生產一百二十三件寬裙，她的辦公室從家裡搬到一間一百七十平方尺的大屋。她的裁剪和縫製都在家裡工作，大大節省了營業開支。

下一步呢？茱迪還將做什麼？

「我剛接到一個訂單，就是為檀香山一所中學的兩百名畢業女生縫製寬裙。每年畢業日，高中女生都會穿著夏威夷寬裙參加畢業典禮，年復一年。她們都是在夏威夷一家的老字號定做衣裳。但是今年，她們因為覺得我所做的既時髦，又有個人的特色，於是就把訂單轉給了我的公司。」

「下一步，我就要把這些寬裙向美國本土推銷，他們對這種寬裙還沒有認識，只因那些設計和布料都不太適合罷了。但我已經知道怎樣做才行得通，而且我也知道怎樣著手，我一定會向美國推銷我的作品。到時它們就不會是夏威夷寬裙，而是『茱迪裙』了！」

我們再回到當初茱迪想靠寬裙創業時，她的朋友們是怎麼想的。不出意料，他們都取笑她：「你要向夏威夷人推銷夏威夷寬裙，不如去阿拉斯加向愛斯基摩人推銷白雪好了。難道你看不見那些數以千計掛在成衣店、商場和遊客購物地區的夏威夷寬裙？難道你不知道現在正百業不振嗎？」

但是茱迪不為所動，她在問過自己四個問題之後便下決心要將這次機會抓在手中，她實踐了自己的想法，獲得了成功。

所以，當靈感和機會第一次出現的時候，它可能看起來會像是天方夜譚，而

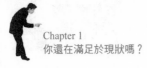

你需要的只是跨出第一步的勇氣。抓住它，你就抓住了成功。

後記

現在，我向你介紹一套方法，你可以更有效地抓住機會：

一、列個單子，想想工作、生活中，有哪些是你的客戶、朋友、家人和你自己所遭遇的困難，把它們寫下來。

二、針對其中一個或兩個困難，仔細思考，寫出二十個可以解決的方法。寫三～五個的時候你會非常輕鬆，但是越往後對你來說越痛苦。而恰恰是第二十個你想出的方法，是具有創造性和價值的。

三、從這二十個方法中，選擇一個或兩個你認為切實可行的，然後制定計劃，立即執行。

這三個簡單的步驟也同樣適用於解決工作、生活中的其他難題，希望你可以靈活運用。

找到客戶並提供服務

作為公司的員工，必須清楚地知道客戶是誰，你的客戶不僅是公司的外部客戶，也是你的老闆、同事、下屬。弄不清楚客戶是誰的人往往走向失敗。

想必大部分企業員工都很清楚誰是自己的外部客戶，但如果能同時正確處理與公司內部客戶——老闆、同事和下屬的關係並意識到這些客戶對你所從事工作的重要性。那麼，我敢斷言，你會是一名合格的員工。

現實中，我們經常在一起發牢騷，老闆是如何苛刻老愛扣員工工資的，上司是如何尖酸刻薄的，為什麼今年過節公司就這麼一點表示？憑什麼佔用個人的下班時間？……

這裡，我並不是要替老闆辯駁什麼。只是要提醒大家，在你對公司抱怨的同時，千萬不要忘記，老闆是你的首要客戶，即使這個客戶對你提出各種難題，只要他的要求是對公司有利的，對整個團隊是有利的，我們就應該儘量去理解他。

想想老闆的理由和苦衷，並且有責任去維護他的利益。

從某種程度上來說，老闆也是你的客戶。我們需要對客戶做的就是，讓客戶滿意，對老闆也是如此，把老闆當客戶，儘量去滿足其合理的要求。客戶有刁鑽的要求，老闆有各式各樣的要求，我們要不要滿足老闆，能不能滿足他？如果我們弄清楚企業為什麼要滿足客戶，就知道我們也應該讓老闆滿意了，讓老闆滿意，也是我們員工敬業精神的一種表現。

把老闆當成客戶，就會自動自發地去完成公司派給的任務，在工作中就不會出現敷衍了事的情況，就會用老闆的精神看待肩上的責任。

同時要明白的是，同事也是你的客戶之一。

茱莉在公關公司工作，她理所當然地覺得「客戶服務」就是要做到讓客戶滿意。所以每當客戶提出什麼要求，她都滿口應承下來，完全不顧慮執行部的同事是否能承受得了。

有時候客戶提出的要求很過分，明明是能力所不能及的，她也會不加思索地答應下來，她認為讓公司的外部客戶滿意就是作為一個公關職員的全部。如果同事們沒有按時完成，她還會去質問同事：「你們為什麼沒有做好？」

那時候，公司裡的很多人對她意見很大，而她自己也很苦悶，在與客戶、公司總監溝通的過程中，總監的話提醒了她：「一味地滿足客戶並不一定就是對公司好，因為辦任何事情都要基於一個客觀的基礎，不能單純用主觀來想像。讓客戶滿意不錯，但是要知道，你和同事是一種合作的關係，要把你的同事也當成客戶一樣對待，不但要令客戶滿意，也要讓同事滿意！」

這樣你就會在意識裡強調同事的重要性，注重與同事的溝通與合作。「人心齊，泰山移」，與同事保持良好的合作關係，在一種很融洽的環境中處理工作，相信會事半功倍，從而更好地服務於公司的外部客戶，創造更多的利潤。

我曾經聽一位失敗的銷售經理這樣訴苦，他說自己很辛苦，每天要跟客戶談判，受到來自客戶的壓力，回到公司，覺得下屬的業務員工作不夠努力，不免對著他們發脾氣。儘管他個人很盡心，但銷售業績仍然上不去，他覺得很困惑。

我對他說：「你的業績上不去，不是你自己不努力，而是你沒搞清楚究竟有誰是你的客戶，你忽略了『業務員也是我的客戶』。」

作為業務經理，同時你還要尋找並錄用最優秀的業務人員，聆聽業務員的需求，幫助他們面對挑戰，掃清銷售的障礙，鼓勵團隊成員，最終實現盈利。

後記

「有的放矢」，在做具體的工作之前，明確誰是客戶，然後去操作，才能收到預期效果。而連自己的客戶是誰都不清楚的人，不管努力與否，往往都是走向失敗。

服務別人並不卑微

只有能夠自覺服務的人，才是真正具有服務意識的人。

前面提到無論在什麼崗位，都有自己的客戶，都要為客戶服務，那麼我們的工作便可以統稱為「服務」了，由此，我們也可以被稱為「服務人」。

當然，我們也可以被叫做「服務人員」，不過很多職業者可能不太喜歡這個稱謂。但是我認為企業白領和普通服務人員在客戶服務的角度上來看，其實是一樣的，只是內容不同罷了。

前面說到「服務」和「服務人員」，想想平時，我們是不是更願意選擇那些服務好的餐廳用餐呢?很多人會發出這樣的感慨：「那個餐廳的服務人員很熱情，服務很好，用餐很舒服。」他們的言外之意是「我們下次還要去那家餐廳吃飯」，或是「我推薦你也去那家餐廳享受一下吧」。

餐廳服務人員對我們的啟示是什麼?我覺得啟發就是——如果你在職場中的

客戶對你的服務也很滿意，他們也會樂意持續購買你的服務，也就是說，你就會因為你的服務很有價值，而繼續留在公司，甚至是得到提升，去承擔更重要的服務工作。

我的建議，對於不甘於「混日子」的職業者來說，請堅信一個理念──「服務第一。」

服務第一，這絕不僅僅是一個口號，一句空話，而必須時刻牢記在心，並且落實到行動中去，我們要不斷提升自己的服務能力。

你要不斷增強自己的服務意識。你的服務意識有多少，就會得到多少回報。如果你一點服務意識都沒有，或是一點也不肯付出，工作散漫，以自我為中心，甚至驕傲自大，那麼企業怎麼會把這樣一個毫無服務意識的員工留在企業裡呢？服務意識應該牢牢扎根於自己的內心深處，尤其是已經成為團隊的管理者，作為團隊的核心，服務意識更是不可缺少的。

當然，如果你是企業中層級最低的員工，那麼你來往最多的，一定是可以直接打交道的客戶，對於這部分員工來講，當然更應該提高對顧客服務的意識。

你必須注意，服務中無小事。無論在麥當勞還是在肯德基，當顧客在收銀台前排隊，如果某一個櫃檯的人較少，而另一個櫃檯的人較多，人少的櫃檯收銀員一般會主動招呼顧客，到自己這邊排隊，從而減少顧客等待的時間。

在其他一些大型量販店，尤其在假日結帳的高峰期，你可以看到一些穿溜冰鞋的年輕員工，在各個收銀台前溜來溜去，如果發現某個櫃檯的人較多，就會邀請顧客到其他人較少的櫃檯去，如果需要，還要幫顧客拎包包、抱抱小孩之類。服務力在這些小事中得到了充分表現。

暢銷書作家約翰・米勒曾在他的書中講過這樣一個故事，有一位名叫麥可的人和他的幾名好友計劃到阿第倫達山度週末，可是就在離出發日只剩下兩天，麥可還在芝加哥出差的時候，他突然想起自己還沒有靴子。

於是，他馬上從旅館房間撥了專賣野外活動用品的賓氏公司的免費電話。電話接通後，麥可向服務人員表達了自己想訂購一雙很久以前就看好的靴子。這位名叫克莉絲蒂的服務人員笑著說：「先生，我們的靴子多到連我都說不完，我們先來看看能不能縮小範圍。」她親切柔和的話語，以及完全站在顧客角度想問題的態度，讓麥可感到放鬆和舒服。

透過電話交談，麥可告訴了克莉絲蒂自己要去登山的計劃，據此他們一步步縮小對那雙鞋子的搜索範圍，最終將目標鎖定在三種靴子上。可是，克裡絲蒂卻告訴她，因為時間受限，他可能在登山前不能收到靴子，而且她很難推斷出到底哪種靴子才是麥克想要的。

這時克莉絲蒂突然對他說，他們可以用隔夜送達的方式將三雙靴子一併寄給他，等他週一登山回來後再為他選中的靴子付費，麥克當時就被她的話震驚得張大了嘴巴。

試想，一個能夠提供如此周到服務的企業，怎麼可能沒有強大的競爭力？

你還應當對服務有一個正確的理解。服務並不是要你卑躬屈膝，更不是服侍他人，而是與客戶平等交流、接觸，向客戶傳遞愉悅和價值，以實現與客戶共贏的效果。

服務者在此時此刻服務客戶，然而自己也有可能成為別人的客戶，因此只要你熱情服務，使你的服務超越客戶的期望，那麼你將獲得的也會是同樣或者更優質的服務。

後記

為別人服務並不是一件卑微的事情，其實每個人的價值都是在透過為他人服務的過程中表現出來的，不過是「服務」的外在形式不一樣罷了。

在產品差別不大的今天，如果你想成為行業裡服務或是銷售能力出色的人，那麼你最好增強服務能力，成為一個稱職的「服務者」。

作為職業人，服務別人不可悲，沒有服務力才是最可悲的。

服務中沒有小事

我們在工作中，都必須堅持服務無小事的原則，只有這樣，企業才可以順利地運營。

世界上第一位提出全面營銷觀念的學者菲利普・科特勒曾經講過一個有趣的故事，並以此勸誡他的學生們。

在新大洲服裝商場有兩名服裝商場諮詢員漢娜和露西，她們一起在服裝商場一樓的大廳工作，每天前來服裝商場購物的許多客戶都要來這個諮詢台詢問各種事情，客戶們期望從諮詢台能夠得到自己需要的各種訊息以便選擇、購買服裝。

然而，漢娜在客戶們來到諮詢台詢問的過程中總會出現各種讓客戶們不滿的事情，據說有一名顧客正在詢問童裝位置的時候，她卻正在和露西談天，那位客戶一直向她詢問了三次，她才不耐煩地說：「去問那邊的收銀台。」還有一次，一位客戶向她諮詢這家商場的幾個服裝品牌專櫃的事情，她卻跟家裡的人在講電話。

後來，在客戶的反映下，商場經理和漢娜進行了下面的對話。

「漢娜，你為什麼在工作的時候不專心工作，為什麼和同事聊天，又為什麼在工作時間給家裡打電話？」

「經理，我覺得這沒什麼大不了的，我又不向顧客銷售服裝，我工作的好壞並不怎麼會影響商場的銷售業績。再說了，我那個職位是整個商場最微不足道的，我不覺得我這樣做有什麼關係。」

難道真如漢娜所說，她的職位微不足道就有理由不專心工作，不一心一意為客戶服務了嗎？難道她的這些偶爾的小失誤真的就不會影響商場的銷售業績嗎？還有，服務中真的有小事嗎？

讓我們一起來探討這個問題吧，漢娜的職位雖小，但很重要，她的工作是客戶接觸這家服裝商場的第一線，她工作的好壞是顧客們對這家商場服務狀況的第一印象，這直接關係到顧客是否進入這家服裝商場選擇購物；其次，她的那些失誤並不是小失誤，工作時間與同事聊天、打電話給家裡在很多服務理念中是不應該的，這樣的服務從本質上來說就是不合格的服務，是令客戶不滿意的服務。那麼，如果說有人以自己的職位無足輕重、自己的工作中只是出現了小失誤為自己沒有向客戶提供滿意的服務辯護，那麼，這些理由都是不成立的。

後記

因此，作為員工，我們已經明瞭自己與企業、客戶結成了一個整體，我們只應該選擇共存共榮的道路，而不應該作繭自縛。任何企業都是由一個個員工經過完美設計而良好運行的機器，這台機器的運行有賴於所有員工的認真工作，它容不得發生在任何一個員工中的小失誤，一個小小的失誤足以危及這台機器的生死存亡。而客戶則是這台機器良好運行的目標和動力，只有每一位員工在其工作中堅持對客戶負責、向客戶提供真正人性化的服務，這台機器才能實現其目標，並獲得源源不竭的動力。

事實上，每一個人都具有無限的潛能，每一份工作都有其自身的價值。無論從事什麼工作，你都有可能取得成功。然而，能夠成為卓越者的人卻是鳳毛麟角。究其原因，就是只有很少的人能夠真正做到樂在工作。

2 Chapter

釋放你的工作激情

為什麼不享受你的工作

一個真正具有智慧的人，往往比別人更清楚工作對於自己的意義。

在我們的生活中，常常有些人認為只要準時上班、下班、不遲到、不早退就是完成任務了，就可以心安理得地去領工資了，他們以為這就叫工作。可是這僅僅是對工作一個很膚淺的認識。沒有了工作，當然很多人會無法生存，可是對於那些企業家和有錢人來說，他們並不需要為一日三餐發愁，但是他們比常人更專注地在工作。微軟的比爾・蓋茲算不算有錢人？

可是他每天還要工作八個小時以上；沃爾瑪主席山姆・沃爾頓更是每天工作十個小時；李嘉誠是中國首富，現在每天還要處理上百份文件。我們毫不誇張地說，這些人的成功，並不是因為他們有多聰明，而是把工作當做自己生命的組成部分，沒有了工作，生命會黯然失色。

當然我們也知道這只是少部分的人，但是這也說明，工作是生活激情的源泉，

工作激發了我們的熱情，工作需要我們去努力和勤奮，工作讓我們擁有積極主動、自動自發的精神。工作改變了我們的生活，改變了我們的生命。於是，我們看待自己的工作就應該像看待我們的生命一樣認真，一樣虔誠。

面對自己的工作，只有學會享受工作，才會懂得珍惜生命，才會被別人所尊重。每次講課，我肯定要講這樣一個故事，叫做「感動總統的百歲員工」，講完之後很多學員都非常感動。這個故事說的是什麼事呢？

有這樣一個美國人，從十歲開始工作，到現在整整有九十年了，是一位具有傳奇色彩的「百歲」員工。當他正式從洛杉磯汽車修理工人的崗位上退休時，那一天，正好是他的一百歲生日，在他整整九十年的工作生涯中，他只請過一天假！這一天，還是他妻子病逝時請的假。

工作九十年，只請一天假，這是多麼偉大的工作人格呀！我請每個人仔細思考一下，我們在工作中能做到這一點嗎？是不是稍微有一點惰性，我們就要請個假休息休息呢？我們是不是稍微有個小機會，就趕緊從公司逃出來呢？

這位工作一生，只請一天假的老人，叫做亞瑟·溫斯頓，生於奧克拉荷馬州的一個印第安人保留區。他從十歲就開始工作，最開始在一家農場採摘棉花。

二〇年代初，由於當地風暴和乾旱引發了巨大的災荒，溫斯頓一家搬到了洛杉磯。他先在一家鐵路公司做看守員，後來在洛杉磯的公共運輸部門做清潔和維修汽車的工作。溫斯頓從小有個夢想，就是當一名汽車司機，但是由於當時種族歧視現象極為嚴重，溫斯頓只能從事最基層的清潔工作。

這可能是任何人都不想幹的活，但是溫斯頓在這個崗位上，一直工作到了他一百歲生日退休的那一天。他每天早上四點二十分準時起床，坐一個半小時的汽車到達洛杉磯汽車廠。在這裡，他每天工作八個小時，而這八個小時只有一項工作任務，就是打掃地板、擦拭玻璃的清潔工作。下班前十五分鐘，他會回到辦公室，檢查自己的制服是否弄髒，然後換衣、打卡、下班。

你是不是也這麼認為：這是世界上最枯燥乏味的工作。但是溫斯頓卻不這麼想，他認為自己的工作很有價值也很有意思，就像打掃自己的家一樣，他小心翼翼，讓每一處都保持乾淨明亮。當他看到自己的工作成果時，就像在欣賞自己的寶貝一樣，非常開心。

一九八八年他的妻子因病去世，但是溫斯頓並沒有告訴老闆這件事，而是說「有一些事情需要處理」，請了一天假。這就是那唯一的請假。後來，當老闆和同事得知這件事的時候，溫斯頓獲得了一個新的綽號——「可靠先生」。他的老闆曾這樣說：「每當有人跟我抱怨工作太辛苦、工作時間太長時，我就讓他們去看看溫斯頓。他工作到了一百歲，但從來沒有人聽到亞瑟抱怨過一句話。他簡直是在享受工作！」

前任美國總統克林頓也被溫斯頓老人所感動，特地頒發了一份國會嘉獎給他，並授予他全美國「世紀員工」的稱號。無論怎麼說，他都是當之無愧的。

後記

溫斯頓的傳奇是在普通的工作中一點一滴實現的，同樣，作為芸芸眾生的我們，也可以透過平凡的工作，讓自己的生命迸發絢爛的光芒。

我深深地相信，溫斯頓並不是為了得到別人的獎勵而工作，而是他已經養成享受工作的習慣了。而這種發自內心的享受工作的態度，卻讓他成為了名副其實的「世紀員工」，得到了無限的榮譽，或許他從來都沒有想過自己會有這麼一天。

把快樂傳給身邊的人

一個積極向上的團隊能夠鼓舞每一個人的信心，一個充滿鬥志的團隊能夠激發每一個人的熱情，一個善於創新的團隊能夠為每一個成員的創造力提供足夠的空間，一個協調一致、和睦融洽的團隊能給每一位成員一份良好的感覺。

一項再艱巨、再浩大的工程只要我們把自己的熱情傳遞給你周圍的人，把自己的信念告訴你周圍的人，就沒有奪取不了的勝利，就沒有打不贏的戰爭。

很久以前，有一個裝扮得像魔術師一樣的人來到一個小村莊，他對迎面而來的村民說：「我有一顆魔石，如果將它放入燒開的水中，會立刻變出美味的湯來，這個味道是大家從未品嚐過的，現在我就可以煮給大家喝。」

正在這時，村裡有個人就找來了一隻大鍋，也有人提了一桶水，並且架上爐子和木材，就在空地上燒起水來。這個魔術師非常仔細地把魔石放入滾燙的鍋中，然後用湯匙嚐了一口，很興奮地說：「太神奇了！太美味了！只可惜要是再加入一點蔥花就更好了。」於是立刻有人回家拿了一些蔥。陌生人又嚐了一口：「太棒了，如果再放些鮮肉片就棒了。」

又一個村民快跑回家拿來了一大盤肉片。「再有一些蔬菜就完美無缺了。」魔術師又建議道，在魔術師的指揮下，有的人回去拿了鹽，有的人回去拿了油，也有的人捧了其他調味料來。於是，大家一人一碗享用時，他們發現這真是以前從未喝過最美味的湯。

魔術師靜靜地對大家說：其實我並沒有什麼魔石，這不過是在來的路邊隨手撿的一顆石頭。其實只要我們願意，每個人都可以煮出一鍋如此美味的湯。當你貢獻自己的一份力量時，魔石其實就在每個人的心中。

真是這樣，你可能無法想像，有時候你自己的一句話會鼓舞整個團隊的情緒，你的一個舉動，一個想法，能讓身邊的人為之一振。請記住，快樂是可以傳染給身邊的人的。而這種傳遞快樂，分享快樂的思維，也正是團隊精神所不可或缺的一部分。可以這樣說，我所認識的高效能團隊，無疑不是一支善於分享，充滿樂趣的團隊，而這樣的團隊，才具有令人生畏的凝聚力。

有一次我在給企業做訓練的時候，為了考驗他們的團隊精神和默契程度，舉行了一次競技比賽，規則非常簡單：每個部門各組織一個十二人的團隊，發給每個團隊一個漏水的桶子，裡面裝了五千克的水，跑一百米，看看最後誰剩餘下的水最多，誰跑得最快。注意的是：隊員之間可以用身體想辦法不讓水漏掉，除了身體之外，不允許用其他的辦法堵漏桶，但可以利用身體和衣物運送水。一共有三個部門參加到比賽中，我們來看一下他們的表現。

市場部首先登場，隊員們一上來立即脫了鞋子，把水裝在鞋子裡面，光著腳跑了一百米，迅速到達終點，但是水卻少了八百克。

研發部的隊員選擇了用身體來裝水，把水都含在了嘴裡，跟在市場部之後到達終點之後水非但沒少，還多出了三百克。

最有意思的是銷售部，他們的隊員分成兩排，肩膀對肩膀形成一副擔架，讓女隊員平躺在這副擔架上，然後把漏桶放在女隊員的肚皮上，讓肚皮堵住桶底。再由兩名隊員把水倒進桶裡，並負責穩固，然後他們向目的地前進，樂得全場觀眾前仰後合。自然，銷售部是最後一個到達終點，但是他們的水卻只少了十五克。

比賽結果：銷售部贏得了最佳合作獎和最佳節約獎；研發部贏得了最佳忍耐

獎；市場部則獲得了最快速度獎。

在快樂的氛圍中，完成任務目標，這就是高效能團隊的過人之處。我見過那些快要解散的團隊，他們之中大部分的人並非缺少才華，而是不願與別人分享快樂、知識與成功。他們從來未曾想過，自己的一句話一個行動，可能讓整個團隊的士氣從低潮中走出；他們只會推卸責任，生怕別人將失敗歸結到自己的頭上；他們害怕分享，怕別人超越自己，給自己帶來威脅。

「樂業」意識中有很重要的一項，就是不光要自己快樂，還要讓身邊的人也快樂，這是打造高效能團隊的有效方式之一。在我的團隊中，就有個很好的習慣，每天下班前拿出半個小時，大家坐在一起輪流發言，分享自己一天的收穫。大家會把一天來所取得的工作上的突破，獲得的經驗上的累積，以及發生在公司裡快樂的事拿出來和大家分享，在愉快的氛圍內，互相從別人身上獲得知識和樂趣。我認為每天少工作半小時，用於這樣的團隊活動，比什麼都有意義。

後記

我不知道你所在的團隊裡，有沒有這樣的文化。即使沒有也無妨，就從你做起，學會把快樂傳遞給身邊的人，你會發現，那些原來冷若冰霜的人，早晚會被你的熱情所感染，也會毫無保留地和你分享，到最後，你能得到的是什麼呢？是大家的智慧，是團隊的快樂，是出色的成績。

工作需要用心去珍惜

於缺乏經驗的年輕人來說，工作本身就是一種報酬，是上天賜予的禮物。這並不是說，我們一定要忠誠於老闆或公司，更重要的是——珍惜自己工作的機會。

現在的年輕人，總是不珍惜自己的工作，做得不順心就辭職，老闆說兩句就頂嘴，這些都是非常錯誤的做法。在古代，父母送孩子到師傅那裡學一技之長，除了要給師傅送禮送錢，還要讓孩子為師傅打工多年。而今天的很多時候，我們的年輕人在沒有任何技能的情況下，得到了在企業工作的機會，不光能夠在工作中學會謀生的技能，還有薪水可以領取，這難道不是上天賜予的禮物嗎？

環顧四周，有無數正在覬覦你職位的人，還有很多正在為一日三餐而發愁的人。而你現在有一份工作，它既能給你薪水，滿足你生活的各項需要，還能讓你增長經驗，掌握謀生的一技之長。所以，對於年輕人來講，工作本身就是一種報酬，還有什麼理由去挑三揀四呢！我們對工作不光要珍惜，更要尊重。

從我們步入職場的那一刻，我們職業人生的起點就定格了，這也同時決定了對於我們手邊的工作，不管是喜歡擅長也好、不喜歡不擅長也罷，既然決定從事這一行業，就要把工作做好，做到盡心盡力，盡善盡美，因為這是對工作最基本的尊重。

隨著你在自己的工作崗位上一點一點做出的成績，你會變得更加自信，同時也會贏得別人的讚譽或者公司的獎賞，這就是工作回報給你的「尊重」。即使那份工作你原本並不喜歡，你也會發現，你會慢慢地喜歡上「她」了，因為你在尊重「她」的同時，也是在尊重自己——不但肯定了自己的才能，而且為自己贏得了事業上的尊嚴。

尊重工作，就要去努力工作，在別人無所事事的時候多做一些工作。不僅僅只是做好自己分內的事情，更重要的是要學會去多做一些分外的工作。也許有人開始疑惑了，為什麼要多做一些分外的工作呢？因為分內的工作大家都差不多，你能夠做完做好，別人也可以照樣做完做好。這樣就分不出高低，也表現不出你是否比別人優秀，同樣也顯示不出你的優點和才能。但是，如果在你把分內的工作做好的情況下，適當的多做些分外的工作，那麼就可以突出地表現出你的敬業和你的激情。這樣，你就會得到更多的工作經驗和機會。

我有個朋友，是一位具有千萬身家的房地產公司老總，有一次他跟我說起了他的發展經歷，我覺得很值得每個人從中體會一些東西。

當年，我這位朋友還是一家店面裡的年輕銷售員，終日被店面經理呼來喚去，覺得成功對於自己是一個遙不可及的夢。但是這個夢因為他做的一件事變成了事實。

有一天正值國慶假期的前一天，從外地來了個大客戶，他必須在第二天就離開這裡。這位客戶在離開這個城市之前，需要訂一批貨，但是要到第二天才能辦好。普通訂貨的手續是客戶先把各式貨樣看過，然後選定他所想要的貨，售貨員再把所訂的貨單拿出來檢查一遍順便取貨。第二天正是國慶日，是放假的日子，按照這樣的流程肯定做不成生意。

店裡有幾名年輕的店員不願意犧牲假日來取貨，找了一些推托之詞。不過我的這位朋友，卻自告奮勇放棄假期，為那個顧客取貨，使得顧客在走之前順利地做成了生意。

就這樣一次偶然的機會，讓這家店的老闆認識到了他的勤奮和努力，於是他開始培養我這位朋友，並帶他出去洽談各種業務。結果幾年後，我這位朋友成為了出色的生意人，成就了今天的他。

這個事情說起來很簡單，但是仔細想想又不簡單。工作中的看似不像機會，倒像麻煩的一件小事，改變了一個人的命運。可是，能夠抓住這樣機會的人，一定是珍惜工作、努力工作的人。如果你做不到這一點，那一切夢想都是空談！

所以，如果你的同事性情懶惰，你可千萬別隨波逐流，要好好利用這種多做事的機會，多鍛鍊一下自己。千萬不要在埋怨別人的懶惰中浪費時間，更別抱著比較的心態，一心想比別人還要懶，這樣便會讓你的機會白白跑掉。成功的人的聰明之處就在於他們從不錯過身邊的機會，不僅做好分內事，更做好非分內事。他們吃苦耐勞，不計報酬，不為讚賞，而是為了累積經驗，提升自己。當然，做額外的工作必須以極大的熱忱和興趣去做，才能有成效。如果是以埋怨的態度去做，或是專門想引起同事或上司的注意，博取他們的稱讚，那麼工作就不會有什麼成就。

對待工作的態度比工作本身還重要些。尊重工作，努力工作，把工作看做一種樂趣，比別人多做一點、做得更好一些，那麼你就會在不知不覺中邁向成功。

歷史上任何偉大的成就都可以稱為「樂業」的勝利。沒有樂在工作的激情，不可能成就任何偉業，因為無論多麼恐懼、多麼艱難的挑戰，樂觀的態度都將賦予它新的含義。不能樂在工作的人，注定要在平庸中度過一生；而有了樂觀向上的工作態度，你才能創造奇蹟。

我們再講一個真實的故事，或是稱之為「奇蹟」的故事：

一九六五年的一天晚上，在美國底特律，有一個青年人走進了克利夫蘭輪船公司的行李房。他並不是去拿自己的行李，而是對負責管理這些行李的蘇格蘭人說：「嘿，先生，你看有什麼忙我可以幫你的，不需要您給我錢。」

這個蘇格蘭人被搞暈了，對年輕人說：「你說你要幫我，但是卻不要錢？」

此時，年輕人早已經把外套脫下來，丟在箱子旁邊。笑著對蘇格蘭人說：「是的！我是剛來的導遊，我主要是想看看行李是怎樣被處理的。」

「哦！但是小伙子，」那個蘇格蘭人非常誠懇地說，「你五點就可以下班，現在都七點了。而且搬東西可不是輕鬆的工作，況且，公司不會給你加班費的！」

「沒關係啊。」那個年輕人說，「都是我自願的，我想，我透過幫客人搬東西，能夠學習很多別的知識。」

「既然你這麼想，那就來幫忙吧！」那個蘇格蘭人最後說，「事實上，這樣好的天氣，大多數年輕人都是想出去玩的，可是你卻來幫著搬東西，你肯定會覺得很寂寞。」

那麼，這個年輕人真的寂寞嗎？事實並不是我們想像的那樣。他在幫忙的過程中，學到了很多的工作經驗，這些寶貴的財富讓他興奮了很長時間。這就是為什麼他能夠不斷進步，最後成為了克利夫蘭航空公司董事長的原因。

後記

你發現了沒有，無論你從事的工作是高或是低，是貴或是賤，一個樂觀向上的人無論做什麼事情，都會懷著濃厚的興趣，認為自己的工作是一項神聖的天職，竭盡全力去工作，不畏困難，不辭勞苦。激情四射的人做任何事都會達到目標，最終獲得成功。

激情是事業的最佳夥伴

為什麼人們有了目標有了夢想，到最後卻一事無成？為什麼每一家企業都不缺乏宏偉的目標，而真正能實現目標的企業卻寥寥無幾？因為我們在奮鬥的過程中，那種激情隨著時間的推移，已經慢慢消失了。

當我們缺乏激情的時候，就不會用盡全力在工作舞台上「表演」，結果自然也就令人失望。

回想起我們剛步入工作崗位的第一天，我們每個人都充滿希望，認為自己不比任何人差，一定可以做出一番事業來。我們賣命工作，努力表現著自己，但是，羅馬不是一天建成的。隨著時間的推移，或許我們的發展並不如想像中那樣迅速，或許我們還遭遇到了一點點挫折。於是，我們的激情消失了，取而代之的是對工作和人生的倦怠，我們成為了所謂「混日子」的人。難道這就是你想要的生活嗎？

如果這不是你想要的生活，如果你還有成就一番事業的夢想，那麼，請重新點燃你的激情。你必須知道的是，無論舞台下面有沒有觀眾，你都在為自己表演。大家都知道世界上有個餐飲巨頭麥當勞，但是很少有人知道，麥當勞發展的歷史上有這麼一位CEO，他最早的薪水只有一美元。他叫查理・貝爾，我們來看看這個人是如何從時薪一美元的清潔工成為麥當勞歷史上最年輕的CEO的。

查理・貝爾生於澳大利亞，年少時家境並不富裕。十五歲的時候，貝爾就在悉尼的麥當勞餐廳開始了自己的職業生涯。當時貝爾所做的工作是打掃廁所。這是一件又髒又累的活，每小時的薪水只有可憐的一美元。

可是年輕的貝爾並沒有因此而放棄或是草草應付了事。他完全把這份工作當成自己走向成功的一個起點，幹起活來仍是勤懇踏實。當時的貝爾堅守著一句個人箴言，就是「生命無法重來」。也由於這樣一種信念的支撐，貝爾不僅認真完成自己分內的事，並且還幫忙擦地板，翻烘烤中的漢堡。在他看來，這些工作與自己的成功也有著十分緊密的關係。貝爾的那些舉動被細心的老闆彼得・里奇看在眼裡——沒有老闆會不喜歡這樣的員工的。

不多久，貝爾在彼得・里奇的推薦下，成為了麥當勞公司的正式員工。在這之後，貝爾開始在店內的各個職位進行鍛鍊。對於工作的認真負責與積極實幹，使得貝爾在短短的幾年時間裡，就全面掌握了麥當勞的生產、服務、管理等一系列工作流程。這其中的每一份工作，都對他的成功有著很大的幫助。

皇天不負有心人，十九歲那年，貝爾被提升為麥當勞的店面經理。這是麥當勞澳大利亞連鎖店中最年輕的店面經理。

貝爾沒有就此止步。在全新的工作崗位上，貝爾又迎來了全新的開始，他更加的進取向上，向成功邁著更為堅實的步伐。一九八八年，二十七歲的貝爾成為麥當勞澳大利亞公司的副總裁。兩年後，又升任為麥當勞澳大利亞公司董事會成員。一九九九年，三十八歲的貝爾開始主管麥當勞公司的亞洲、非洲和中東業務。

二〇〇四年，貝爾憑藉著自己的實力和個人威望，當上了麥當勞公司的全球CEO。那年，查理・貝爾只有四十三歲，是麥當勞最年輕的首席執行長。在上任時他不無驕傲地說：「麥當勞的每個職位我都做過了，只差這個職位。如果能夠在這個職位上發揮自己的才華，我會非常高興。」貝爾能有讓人矚目的這一天，與他對待每一個職位的工作熱情是分不開的。

貝爾用他的實際行動告訴我們，成功，靠的是對待每一份工作都堅持到底的熱情。這種堅持貫穿了貝爾的整個人生。就在貝爾當上CEO期間，他用心去研究業務和顧客的消費規律，在中午和傍晚，正當麥當勞的生意最為興隆的時候，貝爾還跟員工一道，為顧客們提供站台服務。有人甚至這樣說，貝爾是近年來餐飲業中唯一親自站櫃檯的CEO。

「生命無法重來」，這是一個多麼精采的信念！貝爾從一個打雜的臨時工，到全球最大餐飲集團的CEO，他的祕訣很簡單：第一是充滿激情，第二是充滿激情，第三還是充滿激情！無論他在哪一個職位上，他都是那樣充滿激情地去工作，因為他知道，生命只有一次，無法重來。

後記

可以想像，當你擁有激情的時候，你的工作還會看上去那麼無趣嗎？當你釋放激情的時候，你的任務還會那麼難以完成嗎？顯然不會！所以，把工作變得快樂的首要祕訣，就是拿出你的激情來！

完成任務不能停留在口頭上

執行重於一切，它能幫助你去做你所不想做而又必須做的事，同時也能幫助你去做那些你想做的事，它更能幫助你抓住意想不到的寶貴時機。

在我們的工作中，當我們明確了一定的目標，或者接受了一定的任務之後，就要立刻行動起來。制定目標是為了實現目標，目標制定好之後，就要付諸行動去實現它。如果不將目標轉化為行動，那麼所制定的目標就成了一張廢紙。相對來說，制定目標遠比實現目標容易得多，最難的是付諸行動。制定目標可以坐下來用腦子去想，實現目標卻需要紮紮實實的行動，需要動腦、動手，需要踏踏實實走出每一步，只有行動才能化目標為現實。

奧格・曼狄諾講過這樣一個故事。

有個很有才氣的教授，告訴朋友說他想寫一本傳記，專門研究「幾十年前一些讓人議論紛紛的故事」。這個主題又有趣又少見，真的很吸引人。這位教授見識廣博，文筆生動流暢，如果真能寫出這樣一本書，必將會為他贏得巨大的成就、名譽與財富。

一年過後，朋友又碰到了教授，無意中問到他那本書的進展，他本以為教授應該已經寫完了。可是，教授根本就沒寫！老教授說他不知該怎麼解釋才好，只是說自己太忙了，還有許多更重要的任務要完成，因此自然沒有時間寫了。

無論教授怎麼辯解，其實都是把這個計劃埋進墳墓裡。他腦子裡編出的各種藉口都代表消極的心態，他畏懼於寫書的辛苦，因此不想找麻煩，事情還沒做就已經注定失敗了。

具體可行的創意的確很重要，高明的創意是成功的先導。但是，光有創意是遠遠不夠的，還必須付諸行動去實施這一創意。再高明的創意也只有在真正實現後才有價值，否則只是空談。

許多人都制定過自己的人生目標，從這一點來講似乎每一個人都是謀略家。但是，相當多的人在制定了目標之後便將其束之高閣，沒有投入到實際行動中去，結果到頭來仍然是一事無成。目標已經制定好了，就不能有一絲一毫的猶豫，而要堅決地投入行動。觀望、徘徊或者畏縮都只會延誤你的時間，最終計劃將化為泡影。

後記

不要停留在口頭上，不要讓懶惰埋葬了你的夢想，時刻準備好，馬上開始行動。

不是「想要」，而是「一定要」

服務需要行動，行動創造結果。

我們假設這樣的一個情景，你要送一份文件給你的客戶，並且客戶一定要在下午的時候拿到手，於是你叫來快遞員，快遞員說十塊美金，無論颳風下雨保證下午送到。你把文件交給了快遞員，結果很不幸，快遞員在送文件的路上被車撞傷住進了醫院。結果文件第二天上午才送到了客戶的手中。

在這種情況下，你應該付給快遞公司這十元嗎？送快遞是一個很普通的任務，但是你想要的結果是什麼呢？是在下午客戶下班之前收到文件。快遞公司送了沒有？送了，也可以說完成了任務，快遞員還受了傷，卻不是你想要的結果，對不對？所以，你完全有權利拒付這十元。

這就是為什麼企業總強調員工的功勞，而不是苦勞的原因，因為功勞指的是結果，苦勞說的是任務。我們在公司工作，是一種很純粹的商業合作關係，我們拿自己的勞動結果換取我們的薪水，所以如果我們只是提供沒有結果的「完成任務」，老闆憑什麼要付我們薪水呢？

無論在工作還是生活中，完成任務絕不等於我們想要的結果：

開會是任務，討論出方法才是結果；

寫策劃是任務，落實到執行才是結果；

推銷是任務，把產品賣出去才是結果；

服務是任務，客戶滿意才是結果；

考試是任務，通過才是結果；

睡覺是任務，睡著才是結果……

現在有不少員工認為，只要來上班就可以領工資，這種觀念還是停留在簡單的完成任務上面。事實上我們是不能憑藉「上班了」來交換工資的，只有上班的結果也就是工作業績才能交換工資。如果我們在崗位上碌碌無為，那不正是在浪費我們的生命，浪費著公司的機會嗎？就好像我們睡覺卻沒睡著，不斷失眠導致情緒低落一樣，沒有結果，碌碌無為，就是因為很多員工一直「失眠著」。為什麼一些公家機關普遍存在著執行不到位的問題？就是因為我們的很多員工處在「失眠」的狀態。如果一個公司裡都是處於失眠狀態的員工，渾渾噩噩，表面上完成了各種任務，然後等著領工資的話，這個公司就是一個病態的公司，一個沒有發展前景的公司。

如果想從「完成任務」的陷阱裡跳出來，你必須首先具有結果心態，才能提高自己的執行能力，把工作任務落實到點上。什麼是結果心態？一位母親給了我們答案。

切默季爾是肯亞的一名婦女，全家都住在山區，她的丈夫是個老實的莊稼漢，除了種地一無所長。一年前，切默季爾還一籌莫展，為無法給四個孩子提供學費暗自傷心。丈夫抽著悶菸安慰她：「誰叫孩子生在我們窮人家，認命吧！」

如果孩子們不上學，只能繼續窮人的命運！難道只能認命？她不甘心。

當地盛行長跑運動，名將輩出，若是取得好名次，會有不菲的獎金。她還是少女時，曾被教練相中，但因種種原因沒能抓住機會。此刻，她腦中靈光一閃：「不如去練習馬拉松！」

馬拉松是一項極限運動，堅強的意志和優秀的身體素質缺一不可。她已二十七歲，沒有足夠的營養供給，從未受過專業基礎訓練，她有什麼取勝的資格？冷

靜想想之後，她也膽怯過，可是除此之外別無他途。如果連做夢的勇氣都沒有，那永無改變的可能。

丈夫最後也同意了她大膽的「創意」。第二天凌晨，天還黑著，她就跑上崎嶇的山路。只跑了幾百米，她的雙腿就像灌了鉛一般。停下喘口氣，她接著再跑。與其說是用腿在跑，不如說是用意志在跑。跑了幾天，腳上磨出無數的血泡。她也想打退堂鼓，可是回家一看到嚷著要讀書的孩子，她又為自己的懦弱感到羞愧。不能退縮！她清楚地知道，這是唯一的希望！

訓練強度逐漸增加，但她的營養遠遠跟不上。有一天，日上竿頭，她仍然沒有回家，丈夫擔心出事，趕緊出門尋找，終於在山路上發現了昏倒在地的妻子。他把妻子揹回家，孩子們全部圍了上來，大兒子哭著說：「媽媽，不要再跑了，我不上學了！」她握著兒子的小手，淚水像斷線的珠子湧出，一言不發。次日一早，她又獨自一人，跑在了寂靜的山路上。

經過近一年的艱苦訓練，切默季爾第一次參加國內馬拉松比賽，獲得了第七名的好成績，開始嶄露頭角。有位教練被她的執著深深感動，自願給她指導，她的成績突飛猛進。

終於，切默季爾參加了內羅畢國際馬拉松比賽。為了籌集路費，丈夫把家裡僅有的幾頭牲口都賣了，這可是家裡的全部財富……發令槍響後，切默季爾一馬當先跑在隊伍前列，這是異常危險的舉動，時間一長可能會體力不支，甚至無法完成比賽。但為了孩子，為了家庭，她豁出去了。

或許上帝也被切默季爾的真誠所感動。她一路跑來，有如神助，兩小時三十九分零九秒之後，她第一個躍過終點線。那一刻，她忘了向觀眾致敬，趴在賽道上淚流滿面，瘋狂地親吻著大地。

突然冒出的黑馬，讓解說員不知所措，手忙腳亂了老半天才找齊她的資料。

頒獎儀式上，有體育記者問她：「您是個業餘選手，而且年齡處於劣勢，我們都想知道，究竟是什麼力量讓您戰勝眾多職業高手，奪得冠軍？」

「因為我非常渴望那七千英鎊的冠軍獎金！」此言一出，場下一片嘩然。她的話太不合時宜，有悖於體育精神。切默季爾抹去淚水，哽咽著繼續說：「有了這筆獎金，我的四個孩子就有錢上學了，我要讓他們接受最好的教育，還要把大兒子送到寄宿學校去。」喧鬧的運動場忽然寂靜，幾秒後，場下響起雷鳴般的掌聲。

切默季爾取得冠軍的原因是什麼？不是想要拿冠軍，而是一定要奪得冠軍獲得獎金的心態。不是想要，而是一定要，這就是結果心態。可能來參加馬拉松比賽的大部分人是想要拿冠軍，而只有切默季爾是一定要獲得冠軍。所以，在比賽開始之前，她就贏了，贏在了結果心態上！

後記

當你接到一項任務的時候，不要簡單地「想要做好」，而是「一定要做好」，這樣做起事來才有必勝的信念和決心，你的執行能力才會有很大的動力。

成功者往往對結果不是「想要」，而是「一定要」，無論困難和代價有多大，都要達到。志在必得，才能所向披靡。

一開始就想好如何去做

無論是做一份具體的工作，還是對待自己人生中的每一步，你都要想好了再去做。

有這樣一個故事：

兩個農民比賽誰的馬鈴薯洞挖得直。議定好之後，A農民就拿起工具開始行動。他是怎麼做的呢？挖第二個馬鈴薯洞的時候和第一個對齊，他以為這就是最妥當的方法，誰知，等到他挖完了一行的時候，發現自己的馬鈴薯洞已經向一邊傾斜了很久。

這個時候，B農民剛剛拿好工具，他先在田的另外一頭插上了一根長長的竹竿，然後開始不急不徐地挖起洞來。沒多久，一條筆直的馬鈴薯洞線便出來了。

A大惑不解，和B交談起來，B告訴他，在開始行動的時候，他先仔細考慮了究竟什麼叫直，怎樣才能挖得直。他得出的結論是，直就是從田地這邊到田地另一邊定好的一段筆直線段，單單兩個馬鈴薯洞是直的是不行的，於是他便在田那邊豎起一根竹竿，照著竹竿的方向挖，一發現微妙的偏差，便開始調整。他評論A的方法說，看著前一個馬鈴薯洞決定第二個馬鈴薯洞的位置，如果第一個有所傾斜，第二個就會跟著傾斜，這樣就越來越斜了。

一個簡單的挖馬鈴薯洞都可以有這麼大的學問，何況對於工作中的事情呢？而你做事又是採取怎樣的方式呢？

B農民在做事之前，先弄清楚目的。弄清楚目的，便可以為自己的行動設計出最有效的方式。思考了之後再去做，你會發現，你做事情的效能增長了很多。

湯姆．布蘭德，在三十二歲時升為通用公司的總領班，成為通用公司最年輕的總領班，要知道在通用公司這個人才濟濟的「汽車王國」裡，這是一件非常不簡單的事情，他是怎麼做到的呢？

在湯姆．布蘭德里二十歲進入工廠的時候，就想在這個地方成就一番事業，他並沒有像很多年輕人那樣迫不及待地尋找一切可以晉陞的機會，相反，他首先清楚了一部汽車由零件到裝配出廠需要十三個部門的合作，而每個部門的工作性質不盡相同。他決心要對汽車的全部製造過程有一個深刻的認識，所以，他要求從基層的雜工做起。雜工的工作就是哪裡有需要就到哪裡工作，經過一年的認真工作與思考，他對汽車的生產流程已經有了初步的認識。

之後，湯姆申請調到汽車椅墊部工作，在那裡他用了比別人更少的時間就掌握了做汽車椅墊的技能。後來又申請調到電焊部、車身部、噴漆部、車床部去工作。不到五年的時間，他幾乎把這個廠各部門的工作都做過了。

湯姆的父親對兒子的舉動十分不解，他質問湯姆：「你工作已經五年了，總是做些焊接、刷漆、製造零件的小事，恐怕會耽誤前途吧？」「爸爸，你不明白。」湯姆笑著說，「我並不急於當某一部門的小工頭。我以整個工廠為工作的目標，所以必須花點時間瞭解整個工作流程。我是把現有的時間做最有價值的利用，我要學的，不僅僅是一個汽車椅墊如何做，而是整輛汽車是如何製造的。」

當湯姆確認自己已經具備管理者的素質時，他決定在裝配線上嶄露頭角。湯姆在其他部門幹過，懂得各種零件的製造情形，也能分辨零件的優劣，這為他的裝配工作增加了不少便利，沒有多久，他就成了裝配線上的靈魂人物。很快，他就升為領班，並逐步成為十五位領班的總領班。

湯姆一開始就很明確自己的目標，知道自己需要什麼，於是他按照自己的計劃，從底層做起，把自己的根基打牢，一步一步地實現自己的最終目標。

後記

如果缺乏事前思考的習慣，每次一有了任務就急於去完成，就會付出很多，收穫很少。因為這樣總是免不了會走一些彎路，很多時候不得不重新進行，害得自己總是匆匆忙忙的。如果你屬於比較善於思考的類型，總是把工作分成幾部分，經過慎重考慮後再著手進行。這樣工作起來會輕鬆很多，而且效率很高。

先做最重要的事

工作的一個基本原則是，要把最重要的事情放在第一位。

工作需要章法，不能眉毛鬍子一把抓，要分清輕重緩急。這樣才能一步一步地把事情做得有節奏、有條理，才能提高工作效率，將工作落實。

把自己認為最重要的事情擺在第一位是一個好習慣，否則你將會被一些不重要的事耽誤精力和時間。對於成功者而言，首先做最重要的事情是他們最佳的工作習慣。在現實生活中，各種事情每日裡紛至沓來，令我們應接不暇。但是請記住，不論事情有多少，永遠先做最重要的事情。先做最重要的事情，也是提高我們工作效率的保證。

伯利恆鋼鐵公司總裁理查斯·舒瓦普，為自己和公司的低效率而憂慮，於是去找效率專家艾維·利尋求幫助，希望艾維·利能賣給他一套思維方法，告訴他如何在較短的時間裡完成更多的工作。艾維·利說：

「好！我十分鐘就可以教你一套效率至少提高百分之五十的最佳方法。」

「請在這張紙上寫下你明天要做的六件最重要的事。」舒瓦普用了五分鐘寫完。

艾維・利接著說：「好了，把這張紙放進口袋，明天早上第一件事是把紙條拿出來，做第一項最重要的。不要看其他的，只是第一項。著手辦第一件事，直到完成為止。然後用同樣的方法對待第二項、第三項……直到你下班為止。如果只做完第一件事，那不要緊，你總是在做最重要的事情。」

艾維・利最後說：「你要保證每一天都要這樣做。你剛才看見了，只用十分鐘時間梳理清楚思路，你就會事半功倍。當你認同這種方法之後，叫你公司的人也這樣幹。這個實驗你愛做多久就做多久，然後給我寄張支票來，你認為值多少就給我多少。」

一個月之後，舒瓦普給艾維・利寄去了一張兩萬五千美元的支票，還有一封信。信上說，那是他一生中最有價值的一課。

五年後，伯利恆鋼鐵公司從一個鮮為人知的小鋼鐵廠一躍成為世界上最大的獨立鋼鐵廠。人們普遍認為，艾維・利提出的方法對小鋼鐵廠的崛起功不可沒。

要事第一的觀念如此重要，卻常常被我們遺忘。我們必須讓這個重要的觀念成為一種工作習慣，每當一項新工作開始時，都必須首先讓自己明白什麼是最重要的事，什麼是我們應該花最大精力重點去做的事。

後記

只有養成做要事的習慣，對最具價值的工作投入充分的時間，才能高效地完成工作中最重要的事，才能徹徹底底把工作落實好。總之，如果你能夠記住要事為先，那麼你的工作效率就會有顯著提高，工作進展也會顯著加快，工作完成得也更加出色。

「永遠先做最重要的事情」不僅僅是一句格言，更是一個人在工作中需要養成的良好的習慣，也是成功的訣竅。

少說多做，帶給別人驚喜

你能做到的，比你想像的更多，行動比語言更有效。

一切偉大的行動和思想，都有一個微不足道的開始。人性最可憐的就是：我們總是夢想著天邊的一座奇妙的玫瑰園，而不去欣賞今天就開在我們窗口的玫瑰。

實際工作中，一個人花多大的精力和時間來踏踏實實做事，直接決定著他所取得成就的多少。少說多做，做個務實的人會給自己帶來更多機會；眼到手到，做個有心人會給自己帶來更多驚喜。

拿破崙・希爾講過這樣一個故事：

阿穆耳肥料廠的廠長馬克道厄爾最初只是一個速記員。他之所以由一個速記員得到升職是因為他能承擔非他分內所做的工作。一開始，他是在一個懶惰的書記底下做事，那書記總是把事情推到手下職員的身上。他覺得馬克道厄爾是一個可以任意驅使的人，有一次委託他替自己編一本阿穆耳先生與歐洲通信用的密碼電報書。這項工作使馬克道厄爾擁有了展現他精明和智慧的機會。

馬克道厄爾不像一般人編電碼那樣，隨意簡單地編幾張紙；而是編成一本小小的書，用打字機很清楚地打出來，然後好好地用膠裝訂著。做好之後，書記便交給阿穆耳先生。

「這大概不是你做的。」阿穆耳先生問。

「不……是……」那書記官顫慄地回答。

「你叫他到我這裡來。」

馬克道厄爾到辦公室來了，阿穆耳說：「小伙子，你怎麼把我的電報做成這樣呢？」

「我想這樣你用起來方便一些。」馬克道厄爾只回答了這一句。

過了幾天以後，馬克道厄爾便坐在前面辦公室的一張寫字檯前，再過些時候，他便代替了以前那個書記的職位。從此，他就走上了職業生涯的坦途，因為他成功贏得了阿穆耳先生的重視和信任，也就贏得了更多的晉陞機會。

最有價值的人，不一定是最能說的人。老天給我們兩隻手一個嘴巴，本來就是讓我們多做少說的。在目前這樣一個廣泛關注效益的時代，對於企業而言，最能做事的人是最有價值的人，也是最受賞識的人。在拿破崙・希爾自己身邊，也有一個類似的例子：

有位年輕小姐被雇來幫拿破崙・希爾做事，她在聽完拿破崙・希爾口述的文件內容後把它記錄下來。她的薪水和其他從事類似工作的人大致相同。有一天，拿破崙・希爾口述了下面這句格言，並要求她用打字機把它打下來：「記住，你唯一的限制就是你自己腦海中所設立的那個限制。」這句話對她產生了巨大的影響。

從那以後，她開始在用完晚餐後回到辦公室來，並且從事不是她分內而且也沒有報酬的工作。她開始把寫好的回信送到拿破崙・希爾的辦公桌來。她已經研究過拿破崙・希爾的風格，因此，這些信回覆得跟拿破崙・希爾自己所能寫的信一樣好，甚至更好。她一直保持著這個習慣，直到拿破崙・希爾的私人祕書辭職為止。

當拿破崙・希爾開始找人來補這位男祕書的空缺時，他很自然地想到了這位小姐。由於她自己刻苦的訓練，終於使自己有資格出任拿破崙・希爾屬下人員中最好的一個職位。拿破崙・希爾已經多次提高她的薪水，她的薪水現在已是一名普通速記員薪水的四倍，並且經常與老闆一起工作，結識了許多重要人物。

後記

生活中的很多事情，不在於你怎麼說，而在於你怎麼做。說到不如做到，行為產生力量。孔子所說的君子訥於言而敏於行，也正是這個道理，有耕耘自有收穫。

我們在企業中為社會服務，所得到的報酬和我們的能力與付出成正比，這是一個規律。老闆的用人觀念非常簡單：他只為那些有真才實學，對他工作有幫助的人付高薪。所以要想得到陞遷和加薪的機會，就要向那位廠長和拿破崙•希爾的女祕書學習。

有耕耘自會有收穫，要成功就必須「做」，而不是「說」！行勝於言！眼高手低，貽害無窮。空口無憑，多說無益，空談不能解決任何問題。

以老闆的心態對待公司，你就會成為一個值得信賴的人，一個老闆樂於僱用的人，一個可能成為老闆得力助手的人。更重要的是，你能心安理得地沉穩入眠，因為你清楚自己已全力以赴，已完成了自己所設定的目標。

3 Chapter

站在老闆的角度思考

站在老闆的角度思考問題

雖然僱用與被僱用是一種契約關係，但是並非對立，而是合作雙贏。

大衛剛進入一家公司的時候，他的上司很器重他，把他派到了非洲做開發市場的一位經理。為了不辜負上司的信任，他毫無怨言地離開美國，去了那塊陌生而又不發達的土地。

在非洲，大衛努力克服水土不服、生活不適應等問題，盡力展開工作。他發現一個人遠離了公司是多麼的勢單力薄，但他卻必須去開拓一片空白的市場！他所忍受的是比孤寂更強烈的工作壓力，他不僅要代表公司去談業務，還要親自去碼頭取貨、送貨，可是他完全沒有一句怨言，把這一切當做了總公司對他的鍛鍊。

然而，在非洲這塊土地上，無論他怎樣辛勤的工作，都沒有獲得在美國時候一半的成績，兩年多來，他成了同事中進步最小的、業績最差的一個，上司對他的表現非常不滿，對他的工作支持度也少了許多熱情。

辛勤努力，換來的並不是上司的賞識，而這種賞識對大衛能否在非洲堅持下去至關重要，這使他在一段時間裡感到了一種悲涼的心境，覺得前途暗淡。

然而，他最終堅持了下來。他並沒有去埋怨上司，而且與上司保持著溝通，並盡力站在上司的角度來看待自己的委屈。自己工作確實非常努力，可是上司遠在異鄉看不到，他看到的只會是業績，所以不要責怪他不理解自己。自己需要做的是繼續堅持下去，直到上司看到自己的努力。

終於，市場有了重大的轉機。經過大衛的不懈努力，非洲市場已經成為公司很大的一塊利潤來源。

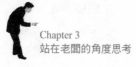

國際人力資源管理顧問安東尼博士，有一次在上人力資源管理課時候說：「企業家是世界上最苦、最累、最孤獨、最不容易的人。當你將一件事看成是事業的時候，就算有千萬種困難，你都必須去解決；就算有再多的苦，你都得堅持下去；就算和你一起戰鬥的戰友一個個捨你而去，只要你一息尚存，就必須熬下去。」

很多時候，我們可以因為一個陌生人一點點的幫助而感激不盡，但我們卻總是無視朝夕相處的老闆的種種恩惠。大家總是將工作關係理解為純粹的商業交換關係，認為相互對立是理所當然的。其實，雖然僱用與被僱用是一種契約關係，但是並非對立。從利益關係的角度看，是合作雙贏；從情感關係角度，可以是一份情誼。不要認為老闆就是剝削你的人，你可曾看到他們的責任和壓力？遇到委屈的時候，試著站在他們的角度去想想。

在工作中，不要總是抱怨老闆，問一問你自己，你為企業到底付出了多少？你到底努力了幾分？你的付出是否大於收穫？如果你是老闆，會為自己的表現打多少分？會不會給自己提供更廣闊的空間？

站在企業的角度思考問題，你才能成為企業需要的優秀人才。同時，你也會因為視角的不同，為日後的成就奠定堅實的基礎。

小王從經濟管理系本科畢業時，有四個工作機會可以選擇，他卻決定當一家化妝品公司的經理助理。交接那天，前任助理告訴他：「在這裡簡直就是浪費時間！」因為助理的任務就是收發公文、做會議記錄、安排經理的行程，簡單地說就是打雜。同樣的工作，在不同人的眼中，卻有天壤之別。

小王卻認為，每天接觸公司的決策文件，可以看出經理批公文的思路。一場場會議記錄讓他見識到企業如何經營、決策如何產生。他說：「再沒意思的工作，如果用老闆的眼光來看待，就能看出價值所在。」

當年那個「逃走」的助理不知際遇如何，但小王已經成為一家年盈利千萬的公司老總。

後記

小王的成功偶然嗎？其實並不偶然，因為小王懂得用老闆的眼光看待工作，發現價值，自然會有好運氣降臨在他的身上。

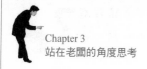

為公司賺錢就是為自己賺錢

你不能替公司賺錢，老闆雇你幹什麼呢？

《聖經‧馬太福音》中有這樣一個故事：

一個人要去往外國，他把僕人們叫來並將他的財產交給他們。按照各人的才幹，給他們銀幣，一個給了五千，一個給了兩千，一個給了一千。領五千的那個僕人隨即拿去做買賣另賺了五千；那領兩千的也照樣另賺了兩千；但那領一千的卻掘開了地把主人的銀幣埋藏了進去。

過了許久，主人回來了，和他們算帳。

那領五千銀幣的又帶著另外的五千銀幣說：「主人啊，你交給我五千銀幣，請看，我又賺了五千。」主人說：「好，你這又善良又忠心的僕人，你在做事上有忠心，我要把許多事派給你管理，可以進來享受做主人的快樂。」

那領兩千的也說：「主人啊，你交給我兩千銀幣，請看，我又賺了兩千。」

主人說：「好，你這又善良又忠心的僕人，你在做事上有忠心，我要把許多事派給你管理，可以進來享受做主人的快樂。」

那領一千的則說：「主人啊，我知道你的心事，沒有種的地方要收割，沒有散的地方要聚斂。我就害怕，所以把你的一千銀幣埋藏在地裡。請看，你的銀子原原本本的在這裡。」主人回答說：「你這又笨又懶的僕人，你既知道我沒有種的地方要收割，沒有散的地方要聚斂，就當把我的銀幣放給兌換銀錢的人，到我回來的時候，也可以連本帶利收回。來人啊，奪過他這一千來，然後把這無用的僕人丟到外面去。」

你會不會認為第三個僕人有些冤枉呢？他看起來也很忠誠啊，盡職盡責地為老闆看管著財產。可是，從古老的中世紀到現在，作為老闆，需要的不僅僅是你幫他守著財寶，更需要你創造出新的財富。

你認為自己很忠誠，也很賣力地工作。可是何以見得呢？怎麼才能讓老闆看到你是個有才能的忠誠員工呢？

麥克是一家食品公司的銷售代表，對自己的銷售紀錄引以為豪。曾有幾次，他向他的老闆解釋說，他是如何地賣力工作，勸說一位零售商向公司訂貨，可是，他的老闆只是點點頭，淡淡地表示贊同。

最後，麥克鼓起勇氣，「我們的業務是銷售食品，不是嗎？」他問道，「難道你不喜歡我的客戶？」

他的老闆直視著他說：「麥克，你把精力放在一個小小的零售商身上，可是他耗費了我們太大的精力，請把注意力盯在一次可訂上萬件貨物的大客戶身上。」

麥克明白了老闆的意思，老闆要的是為公司賺大錢。於是他把手中較小的客戶交給一位經紀人，自己努力去找主要客戶——為公司帶來巨大利潤的客戶。他做到了，為公司賺回了比原來多幾十倍的利潤。

你當然不會像第三個僕人那樣笨，但你會不會犯麥克那樣的錯誤呢？忙忙碌碌只是過程，老闆需要看到的是結果。如果你能始終把公司的經濟效益放在心上，相信你就能夠積極思考，不斷克服困難，為公司創造財富。

市場經濟的鮮明特點就是以經濟利益為依附的優勝劣汰機制。為了在這個機制中勝出，大到國家、企業，小到個人，都需要拚命創造出盡可能多的財富。有了財富，才有企業的發展壯大，才有個人的安居樂業。

公司僱用你，最直接的目的就是希望你為公司創造收益，你不能替公司賺錢，老闆僱你幹什麼呢？公司為你提供舞台，你的個人收入是你為公司創造收益的副產品，你為公司賺得越多，你的收入也會水漲船高。你是否熱情、是否勤奮、是否進取、是否充滿使命感……最終的表現在於你能否創造財富。獲取財富雖然不是我們工作的唯一目的和收益，但卻是衡量我們工作成績的重要量化工具。一個好員工必然是能為公司創造財富的員工。

後記

皮之不存，毛將焉附？公司的利益如果不能得到保障，那麼你的個人利益就成了無源之水。盡自己最大的力量為企業創造更多財富，這是每一個員工的使命。企業這個大的團隊得到了好的發展，作為其中一員的你也就獲得了更多的利益。

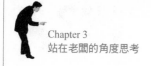

降低成本，節約每一分錢

就從身邊最小的事做起。

節約成本是一句很寬泛的話，說起來可以很容易，但是真正要做起來就需要每個員工的細心和耐心。創收的功勞常被稱讚，而節支的貢獻有時候卻不為人知。在這個時候，應恪守「勿以惡小而為之，勿以善小而不為」的準則，牢記天道酬勤，你的任何功勞都不會被企業忽略的。

在企業經營過程中無處不涉及資源的消耗和費用的支出，作為企業的一名普通員工想為企業節約開支其實很容易。只要每個員工從小事做起，從節約一張紙做起，集腋成裘，長久下來，因節約成本而增加的利潤是驚人的。

工作過程中關注身邊那些不起眼的小事，比如隨手關燈，隨時關掉不用的電器，隨手關上水龍頭，隨手關掉電腦、影印機、空調、飲水機……舉手之勞，卻可以表現一個人的文明素質和公德意識，擁有這些文明素質和公德意識的企業是

具有發展前途的。

卡爾是一家中型公司新上任的部門經理。作為專門為公司各部門服務的後勤部門，卡爾自然沒有業績指標的壓力。但是，他並不這樣想。他發現公司的對外宣傳手冊，多年的慣例是分春、秋兩次印製，每次的數量都不大。宣傳手冊內容的調整基本都發生在年底。

卡爾根據以往的工作經驗知道，如果兩次印製併為一次，單本宣傳手冊的成本會有大幅降低。而且，公司的資料室的空間並未客滿難以負荷，基本不會增加儲存成本。於是卡爾果斷地在春季印製了全年的宣傳手冊，僅此一項，為公司節約了數千美元。

卡爾還要求本部門的所有員工都增強成本意識。員工們都被卡爾的精神所激勵起來，努力尋找進一步控制不必要開支的途徑。一年下來成效顯著，為公司節約了數十萬美元的成本。

當年度，公司的營業收入比起上一年度並無增長，但利潤卻增長了二〇%，而這二〇%的利潤增長，基本是沒有業績壓力卡爾的部門貢獻的。老闆非常高興，卡爾被提升為公司副總，部門的所有員工都多拿了獎金。

「節省每一張紙」的口號看似簡單，實則蘊涵深刻的內容，它是企業增加利潤的起點。不能小看一隻蝴蝶拍動翅膀這個微小動作，它甚至能引起巨大的自然災害。因此，從簡單的節省每張紙做起，你的行為或許能為公司扭虧為盈，當然，你也可能從中得到回報。在企業發展過程中，成本的發生無處不在，用心觀察，你的舉手之勞改變的將不僅僅是企業的利潤。

後記

再龐大的企業也是由每台機器、每堆材料加上每名員工組成的，如果每名員工都能愛護機器、節約材料，那麼企業必然能走得遠；反之，資本再雄厚的企業也經不起長期資源的浪費消耗。因此，我們每個人在日常生活和工作中，要時刻注意節約，努力節約每一分錢，為企業發展貢獻一份力量！

節約才能創造高效益

現在是一個微利的時代，每一項費用的節約，都無疑是為企業增加了利潤。

在現在的社會中，利潤一直是支持企業發展的最大動力，也是企業追求的最終目標，一直以來，如何獲取利潤是備受關注的話題。對於企業來說，利潤就是賴以生存的生命線，企業的每一項舉措都是為了增加利潤，企業的存在就是為了盈利。

作為企業的員工要想在企業中生存下去，就要努力為企業創造價值、創造利潤，這樣才能有更好的發展空間，也會得到更多的晉陞機會和發展空間。為企業創造利潤，除了正常工作之外，更多的則是在於節約成本。如果有良好的節約意識，無疑也就能為企業帶來更大的利潤。

強尼是紐約地區一家鍋爐廠的採購員。由於企業準備進一步地擴大規模並提高產品質量，以增強市場競爭力，董事會研究決定從俄亥俄州引進一批優良鋼材。

公司決定派強尼去和俄亥俄州方面聯繫並採購這批鋼材。

強尼的同事都很羨慕他能有這次機會，因為這次公司採購的金額很大，只要在財務上略施小計，肯定能撈不少的好處。但強尼對於同事們的「好心」勸說，只是一笑置之。

到了俄亥俄州之後，強尼並沒有直接去找供貨商聯繫，而是先到鋼材市場做了一些深入的調查，其間他遇到了幾個同行。大家在一起交流之後，強尼發現自己所要採購的這批鋼材的市場價格比供貨商開出的價格要低五個百分點。於是強尼更加深入地對市場作了進一步的分析，很快得到了供貨商的價格底線。

強尼並沒有隱瞞這個事實，立即將自己所掌握的訊息向公司作了簡報。在接到公司要求強尼全權負責的通知之後，他開始找供貨商進行談判。由於已經對市場做了調查，強尼並沒有被供貨商的花言巧語所迷惑，而是堅持自己的價格。在最後簽訂合約的時候，供貨方對強尼說了一句話：「作為一個公司的採購員，您真了不起。如果有機會的話，我們願意聘請您作為我們公司的財務部經理。」

這件事傳開以後，基於強尼對公司所做出的貢獻及對工作認真負責的態度，他很快受到了公司的重用，被任命為財務部副經理，他以後在職場上發展得也很順利。

如果上述案例中的當事人僅僅是以不拿回扣的消極行為來完成任務，那麼他給企業帶來的效益是微不足道的，他也不會在日後獲得賞識和重用。「在其位，謀其職」是每名員工應該恪守的原則。作為採購人員，以權謀私是件很容易的事情，從中拿回扣似乎是「合理的」、「正常的」。應該怎麼選擇，這就要看每個人的價值取向是短暫的意外之財還是長久的能力認可。因此，聰明人是不會被一時的小財小利蒙蔽雙眼，從長計議才是明智之舉。日久見人心，總有一天，你的所作所為會得到認可和回報。

怎麼才能在微利的時代創造高利，才是關係企業生存的根本問題。企業要想更好地發展，更快地適應這個社會，不被社會所淘汰，控制生產的成本才是更有效的手段，還是兩個字：節約！所不同的是，這次是成本的節約。

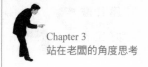

後記

追求利潤是企業管理永恆的課題，也是每位員工都要有企業主人的心態，關注並且努力去實現的目標。這就需要每位員工都能從身邊的小事做起，以企業利益為重，節約每份資源，節約每項成本，從而達到提高效益，增加利潤的目的。

一個人的力量很渺小

今天的社會，沒有任何一項事業只透過自己一個人的力量就可以完成。

舉辦一場兩個小時、稍微有點規模的活動，需要音響、燈光、舞台、組織、主持、設計等幾十個人，還需要兩個月的籌備時間才能成形；產品到達消費者手中，同樣需要設計、生產、檢測、包裝、物流、銷售等多個環節一起協作完成。一句話，我們離不開別人，別人也離不開我們，這是一個相互依賴的時代。

正因為如此，團隊合作才成為這個時代的主流，如果不善於與他人協作，不僅會被同事遺忘，被公司拋棄，也會被社會大環境遺棄。對於員工和老闆來講，每個人的出發點和特長都難免存在差異，但是我們都必須學會「求同」，建立合作的基礎，讓大家的力量集合到一起，才能創造出奇蹟。

三個和尚在一座破寺院裡相遇。

有人問：「這座寺院為什麼荒廢了？」

「必是和尚不虔，所以菩薩不靈。」甲和尚說。

「必是和尚不勤，所以廟產不修。」乙和尚說。

「必是和尚不敬，所以香客不多。」丙和尚說。

三人爭執不休，最後決定留下來各盡其能，看看誰能最後獲得成功。

於是，甲和尚禮佛唸經，乙和尚整理廟務，丙和尚化緣講經。果然香火漸盛，原來的寺院恢復了往日的壯觀。

「都是因為我禮佛唸經，所以菩薩顯靈。」甲和尚說。

「都是因為我勤加管理，所以寺務周全。」乙和尚說。

「都是因為我勸世奔走，所以香客眾多。」丙和尚說。

三人爭執不休、不務正事，漸漸地，寺院裡的盛況又逐漸消失了。就在各奔東西的那一天，他們總算得出一致的結論，這座寺院的荒廢，既非和尚不虔，也不是和尚不勤，更非和尚不敬，而是和尚不睦。

這裡的「不和睦」，其實就是指不互助、不合作。我們總在提「學習型」組織，這個概念來自西方，但是一直被我們誤解成為一個善於學習新事務的組織。事實上，「學習型」組織的正確意思是，儘快適應每個同事的不同個性，讓自己融入到團隊當中。

佛教創始人釋迦牟尼曾問他的弟子：「一滴水怎樣才能不乾涸？」弟子們面面相覷，無法回答。釋迦牟尼說：「把它放到大海裡去。」一個人再完美，也是一滴水；一個優秀的團隊，就是大海。優秀的個人要放在完美的團隊中，才能展示其優秀的才華，一個優秀的職業人，只有得到團隊的認可，才是有價值的人。

如果只強調個人的力量，你表現得再完美，也很難創造很高的價值。軍隊不能夠僅靠指揮官衝鋒陷陣來獲取勝利，對企業來說，它需要的不是單槍匹馬的老闆，而是能夠以大局為重，懂得與他人合作的員工。有些人精力旺盛，認為沒有自己做不到的事。事實上，精力再充沛，個人的能力還是有一個限度的，超過這個限度，就力所不能及了。那些具有合作精神的人，往往比「凡事自己來」的人更受歡迎。

有一次，美國寶潔公司招聘管理人員，九名優秀應聘者經過初試，從上千人中脫穎而出，進入了由公司老總親自把關的複試。

老總看過這九個人詳細的資料和初試成績後，相當滿意。但此次招聘只能錄取三個人。老總給大家出了最後一道題。

老總把這九個人隨機分成甲、乙、丙三組，指定甲組的三個人去調查本市嬰兒用品市場；乙組的三個人去調查婦女用品市場；丙組的三個人去調查老年人用品市場。

老總解釋說：「我們錄取的人是用來開發市場的，所以，你們必須對市場有敏銳的觀察力。讓大家調查這些行業，是想看看大家對一個新行業的適應能力。每個小組的成員務必全力以赴。」臨走的時候，老總補充道：「為避免大家盲目開展調查，我已經叫祕書準備了一份相關行業的資料，走的時候自己到祕書那裡去取。」

兩天後，九個人都把自己的市場分析報告送到了老總那裡。老總看完後，站起身來，走向丙組的三個人，分別與之一一握手，並祝賀道：「恭喜三位，你們已經被本公司錄取了。」

老總看見大家疑惑的表情，呵呵一笑，說：「請大家打開我叫祕書給你們的資料，互相看看。」

原來，每個人得到的資料都不一樣，甲組的三個人得到的分別是本市嬰兒用品市場過去、現在和將來的分析，其他兩組也類似。

老總說：「丙組的三個人很聰明，互相借用了對方的資料，補充了自己的分析報告。而甲、乙兩組的六個人卻分別行事，拋開隊友，自己做自己的。我出這樣一個題目，其實最主要的目的，是想看看大家的團隊合作意識。甲、乙兩組失敗的原因在於，他們沒有合作，忽視了隊友的存在。要知道，團隊合作精神才是現代企業成功的保障。」

後記

一個人只要能夠和其他人友好地合作，那麼他的事業就會更加得心應手。單打獨鬥也許一時能夠逞能，但是只有學會與別人合作，才能長久屹立於不敗之地。

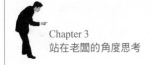

故步自封的人沒有出路

開口說話並不代表就是溝通。

故步自封的人，一般長期沉浸於孤獨的心理狀態，對周圍一切缺乏瞭解，對所處環境及周圍的人缺乏情感和思想的交流。他們缺乏和別人的溝通，常常自我封閉，在工作中，他們往往只知道自己的人生目標或者工作，忘卻了別人的存在，所以他們一般很少參加社會活動，更不要說和別人合作了。

那麼什麼叫溝通？溝通就是交往，交往就是說話與傾聽。「這還不容易嗎？張口就來。」恰恰因為很多人抱有如此簡單的想法，才使得溝通成為一種最容易被人忽略的能力。其實呢，說話還真的不簡單。你能不能把話說得從障礙變為順暢？你能不能把話說得從陌生變為親切？有了這種本事，才叫做溝通。

所以說在當今社會，一個人要想成功，必須學會溝通。不斷地擴大自己的社交圈，善於在交流中獲取訊息，碰撞思想，累積知識，提高能力。然而不會溝通的人，也就是故步自封的人，無疑是在自掘墳墓。作為公司的管理者應該注意這些問題。管理者所做的每件事中都包含著溝通，因此管理者需要掌握有效的溝通技巧。當然，這並不是說僅擁有好的溝通技巧就能成為成功的管理者，但是我們完全可以說，低效的溝通技巧會使管理者陷入無窮的問題與困境之中。

西雅圖波音公司的一位部門經理有一次大發雷霆，原來他看到一份報告上有一個錯字，那是個拼寫錯誤，有人把believe寫成了beleive。

這位經理十分精明能幹，可是就有個怪毛病，他的眼睛裡容不得任何一個拼寫錯誤，他叫來了那個寫錯字的工程師。「你這渾蛋連這麼點錯誤都要犯，你到底讀過書沒有？e怎麼可能在i的前面，記住，i永遠在e的前面。」經理太憤怒了，以致於整個走廊都聽得見他的聲音。

可是，沒過幾天，那位可愛的經理發現了一個同樣的拼寫錯誤，而且又是出自同一人之手。

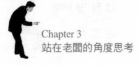

這次，經理被徹底地激怒了，他叫來了那個「屢教不改」的工程師，怒不可遏地衝他咆哮道：「你的耳朵長在頭上了嗎？為什麼我說了你不聽？」

那工程師很平靜，說道：「你是說i永遠在e之前嗎？」經理說：「看來你是明知故犯了。」

工程師二話沒說，隨手從桌上拿起一份文件，把上面的boeing字樣一筆勾去，寫成了boieng。

這個不愉快的結局是由於這位經理的溝通不佳引起的，如果他當時不那麼氣憤，而是採用一種心平氣和的態度，可能就是另一種結果了。因此，對於管理者來說，溝通更重要，這個溝通的效果不僅影響自己，也會影響下屬，影響整個部門的工作熱情，最終影響公司業績。最後，這位經理因為和下屬溝通不暢導致人際關係緊張，部門業績下滑，只有被迫離職。

不論你是一名普通員工，還是一名管理者，都要有良好的溝通能力。溝通作為一個重要的人際交往技巧和管理技巧，在日常生活中的運用非常廣泛，其影響也很大。人際矛盾產生的原因，大多數都可歸於「溝通不暢」，因此為了提高自己的交往能力，實現自己的理想，一定要在生活實踐的基礎上，不斷提高自己的溝通能力。

後記

溝通在工作中就如人的血脈，如果溝通不暢，就如血管栓塞，其後果不堪想像。學會溝通，就要一定懂得其途徑。因為它不只是語言，還包括動作、姿態、眼神、表情等。有時一個眼神，一句我來了，抱一下肩膀，笑一笑等，都會有很大的作用，讓你工作開心、事業有成。學會溝通，善於溝通，才能讓自己在通往成功的歷程中一路順風。

合作雙贏的橋梁——溝通

溝通是理解的基礎，只有表達自己想法的人，才能得到別人的認同。

語言在我們生活中是不可或缺的東西，是我們主要的交流方式。人們的生活離不開語言，同樣，在人們的工作中，語言也是最主要的溝通方式，是合作的基礎。人們透過了語言這種最直接的方式進行溝通與合作，社會才能夠快速地進步。

如果你是一個自閉的人，是一個不善表達的人，是一個不會與他人溝通的人，那麼即使你的心中有多麼好的想法和見解，也不能被別人所知，更不要說和別人合作了。當然就會失去很多好的機會，也會失去很多的發展前景。因此，我們要學會與他人進行交流，學會與他人進行溝通，這樣我們的思想和觀點才能夠被別人所瞭解和接受。我們要做一個能夠完美地表達自己思想的人，把自己心中那個埋藏已久的理想，努力用一種準確的語言，在適當的場合和時機向別人表達，與別人進行溝通，那會使別人對你感到驚訝和敬佩，進而構建合作的基礎。

溝通可謂是人生的一種藝術，在職場中，我們要學會與老闆溝通，這樣老闆才會對你比較信任。否則，就不會取得很好的發展。這是一個不僅需要做，更需要說的時代，如果能夠把握好與老闆溝通交流的方式與尺度，必然會為自己的職業發展加分。職場的至理名言就是：「千萬不要忘記和老闆溝通，要牢記在心！」傑克的經歷就是最好的證明：

傑克從小就被父母教導，要埋頭苦幹不要誇誇其談，這招在學校挺靈驗。到了公司，傑克依然不怎麼跟人說話。他謹守父訓：「事業是做出來的，不是用口誇出來的。」部門會上討論案子，傑克也總是躲在角落，雖然他覺得那幾個口若懸河的傢伙說了許多廢話，提的建議也不怎麼高明，可是他也不願出風頭去與他們爭辯。部門經理特別喜歡那些善於發言的活躍分子，對於埋頭苦幹的傑克常常視而不見。時間長了，看到身邊的同事不是調漲薪資，就是被提升職位，傑克覺得很鬱悶，於是他嘗試著改變自己。

他努力和老闆進行溝通，把自己的新想法告訴上級，並且讓上級給他提出建議。一開始，上級並不重視，可是後來，發現傑克還是很有能力的人，於是慢慢採納他的建議。由於傑克的建議給公司創造了業績，上級越來越重視他，他也越

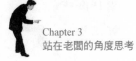

來越願意主動和老闆分享他的想法，形成了良性循環。他現在非常開心。

傑克前後的巨大變化正說明了溝通的重要性。初入職場的年輕人覺得老闆或主管高高在上，遙不可及，對老闆具有敬畏之感，或是覺得只要有業績老闆就能看見、就會賞識自己。可是事實並非如此，肯主動與老闆溝通，把自己的優點或想法真實地展現在老闆面前，才能使老闆留下深刻印象，才能鋪好被老闆賞識和發掘的可能性。一直沒沒無聞，不會表達的人會被認為是沒有思想沒有見解的人，自然沒有發展的機會。

溝通也是理解的基礎，只有及時表達自己想法的人，才能得到別人的認同，才能有人支持你的理想和計劃；多與老闆溝通，才能讓老闆知道你的良苦用心，瞭解你對企業的忠誠；在生活中亦是如此，多與自己的家人進行溝通，可以避免不必要的紛爭，而且還可以使家庭和睦，有和睦的家庭作為後盾，你當然會有更多的精力來做自己的事業，事業上的成就也將會更加輝煌。

後記

總之，溝通必須從心開始，從真誠開始。唯有這樣，才會有人樂意與你溝通。講究溝通方法，擴大溝通範圍，才能使溝通發揮作用。只有這樣，才會在工作中，找到並肩作戰的「戰友」，才會有人與你合作，最終走向成功！

成功的基石是合作

和人交往或一起工作，就得儘量去配合對方。

在工作之中，往往會碰到一些只想到自己的人，他們在工作中、生活中只考慮自己的利益，忽略別人的感受；或者是自以為是，只按自己既定的方式去工作，拒絕別人更好的方法或者建議。這是一種狹隘的自以為是的個人主義，這種人沒有認識到團體的力量。在現代這個社會，我們所從事的工作，往往不是靠一個人的能力所能完成的。因此，只想到自己的人則更易碰壁，更易在困難面前止步不前，更易導致失敗。

在工作中，只想到自己的人，往往只注重自己的思想和方法，卻容易忽視別人更好的觀點和建議，因此，常常會走更多的彎路，有的甚至錯失更多成就大事的機會。讓我們來看一下拿破崙・希爾的一段經歷：

拿破崙・希爾年輕的時候，曾經在芝加哥創辦一份教導人們成功的雜誌。當時他並沒有足夠的資本創辦這份雜誌，所以他就和印刷工廠合夥。然而，他沒有注意到他的成功對其他出版商卻造成威脅。而且在拿破崙・希爾不知道的情況下，一家出版商買走了他合夥人的股份，並接手了這份雜誌。

當時，他不得不以一種非常恥辱的心態離開了他那份以愛為出發點的工作，因為他和新合夥人的關係並不融洽，他忽略了以和諧的精神與合夥人合作。他常常因為一些出版方面的小事而與合夥人爭吵。他的自我和自負使得他嚐到了失敗的滋味。

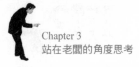

但他卻從這次的失敗中找到新的希望種子。拿破崙・希爾離開芝加哥前往紐約，在那裡他又創辦了一份雜誌。為了要達到完全控制業務的目的，他學會激勵其他只出資、但沒有實權的合夥人共同努力。出資與出力的合理分工，使得雙方的合作十分愉快。就在不到一年的時間裡，這份雜誌的發行量就比以前那份雜誌多了兩倍多。而他由於願意花時間與合夥人溝通，再也沒有遇到之前在芝加哥所遇到的那種事情了。

拿破崙・希爾給我們提供了很好的教訓和經驗。對企業來說，它需要的不是孤獨式的英雄，而是能夠以大局為重，懂得與他人合作的員工。對於企業而言，最怕眼高手低，而又鋒芒畢露的員工。鋒芒畢露、恃才傲物，團隊合作意識差，搞個人英雄主義，這都是團隊成員的大忌。所以要使自我能夠融合到社會中，融入到團隊建設與企業發展中，有一點很關鍵，就是不要「凡事自己來」，團隊意識很重要。

團隊精神有兩層含義，一是與別人溝通、交流的能力；二是與人合作的能力。一個團隊要想最大限度地發揮力量，要求每一分子都懂得和諧、合作，「看自己一枝花，看別人豆腐渣」的毛病犯不得，因此要瞭解的是每個人都在發揮作用，「大機器」才能正常運轉，每個人都不是完美的，但每個人又都有自己的長處，正確恰當地給自己在集體中定位，才能更好地「發光發熱」。

後記

一加一能不能大於二，關鍵就要看每一個合作方能不能精誠攜手，盡心盡力。眾人齊心，其利斷金。合作能使你獲得意想不到的成功。

懂得借助別人的力量

你解決不了的問題，對你的朋友或親人而言，或許就是輕而易舉的事。

星期六上午，一個小男孩在他的玩具沙箱裡玩耍。沙箱裡有他的一些玩具小汽車、敞篷貨車、塑料水桶和一把亮閃閃的塑料鏟子。在鬆軟的沙堆上修築公路和隧道時，他在沙箱的中間發現了一塊巨大的岩石。

小傢伙開始挖掘岩石周圍的沙子，企圖把它從泥沙中弄出去。他是個很小的小男孩，而岩石卻相當巨大。手腳並用，似乎沒有費太大的力氣，岩石便被他邊推帶滾地弄到了沙箱的邊緣。不過，這時他才發現，他無法把岩石向上滾動、翻過沙箱邊牆。

小男孩下定決心，手推、肩擠、左搖右晃，一次又一次地想搬動岩石，可是，每當他剛剛覺得取得了一些進展的時候，岩石便滑脫了，重新掉進沙箱。

小男孩只得拼出吃奶的力氣猛推猛擠。但是，他得到的唯一回報便是岩石再次滾落回來，砸傷了他的手指。最後，他傷心地哭了起來。對於這整個過程，男孩的父親從起居室的窗戶裡看得一清二楚。當淚珠滾過孩子的臉龐時，父親來到了跟前。父親的話溫和而堅定：「兒子，你為什麼不用上所有的力量呢？」

垂頭喪氣的小男孩抽泣道：「但是我已經用盡全力了，爸爸，我已經盡力了！我用盡了我所有的力量！」「不對，兒子，」父親親切地糾正道，「你並沒有用盡你所有的力量。你沒有請求我的幫助。」父親彎下腰，抱起岩石，將岩石搬出了沙箱。

人互有短長，你解決不了的問題，對你的朋友或親人而言，或許就是輕而易舉的，記住，他們也是你的資源和力量。

《聖經．舊約》上說，人類的祖先最初講的是同一種語言。他們在底格里斯河和幼發拉底河之間，發現了一塊異常肥沃的土地，於是就在那裡定居下來，修起城池，建造起了繁華的巴比倫城。後來，他們的日子越過越好，人們為自己的業績感到驕傲，他們決定在巴比倫修一座通天的高塔，來傳頌自己的赫赫威名，並作為集合全天下弟兄的標記，以免分散。因為大家語言相通，同心協力，階梯式的通天塔修建得非常順利，很快就高聳入雲。上帝耶和華得知此事，立即從天

國下凡視察。上帝一看，又驚又怒，因為上帝是不允許凡人達到自己的高度的。他看到人們這樣統一強大，心想，人們講同樣的語言，就能建起這樣的巨塔，日後還有什麼辦不成的事情呢？於是，上帝決定讓人世間的語言發生混亂，使人們互相言語不通。

人們各自說起不同的語言，感情無法交流，思想很難統一，就難免互相猜疑，各執己見，爭吵鬥毆。這就是人類之間誤解的開始。修造工程因語言紛爭而停止，人類的力量消失了，通天塔終於半途而廢。

團隊沒有默契，不能發揮團隊績效，而團隊沒有交流溝通，也不可能達成共識。身為領導者，要能善用任何溝通的機會，甚至創造出更多的溝通途徑，與成員充分交流。唯有領導者從自身做起，秉持對話的精神，有方法、有層次地激發員工發表意見與討論，彙集經驗與知識，才能凝聚團隊共識。團隊有共識，才能激發成員的力量，讓成員心甘情願地傾力打造企業的通天塔。

一個人在生命的路途上前進時，若不隨時與同伴交流溝通，便會很快落伍。

大雁有一種合作的本能，牠們飛行時都呈V形。這些雁飛行時定期變換領導者，因為為首的雁在前面開路，能幫助牠兩邊的雁形成局部的真空。科學家發現，雁以這種形式飛行，要比單獨飛行多出百分之十二的距離。

合作可以產生一加一大於二的倍增效果。據統計，諾貝爾獲獎項目中，因協作獲獎的占三分之二以上。在諾貝爾獎設立的前二十五年，合作獎占百分之四十一，而現在則躍居百分之八十。

後記

分工合作正成為企業中的一種新潮的工作方式而被更多的管理者所提倡，如果我們能把容易的事情變得簡單，把簡單的事情變得很容易，我們做事的效率就會倍增，就是簡單化、專業化、標準化的一個關鍵，世界正逐步向簡單化、專業化、標準化發展，於是合作的方式就理所當然地成為了這個時代的產物。

一個由相互聯繫、相互制約的若干部分組成的整體，經過優化設計後，整體功能能夠大於部分之和，產生一加一大於二的效果。

在工作中，我們常常會遇到各式各樣的困難，也常常會陷入困境。困境是阻礙人前進的障礙，但同時它也能成為人們實現超越自我的契機。困境是可以改變成機遇的，關鍵看你有沒有脫困和突圍的執著心態。

4 Chapter 不要被工作的困難所嚇倒

困難是上帝對人的恩賜

人生的路程既然與苦難分不開，我們就該懂得接受苦難。

任何一項工作在落實的過程中都會遇到很多困難，當我們面對這些困難的時候，我們能甘心逃避嗎？當然不能。困難擺在前進的路上，是讓我們運用智慧來克服的，我們只有在克服困難的過程中才能得到成長。

不要對迎面而來的重重困難表示厭惡和恐懼，困難其實是上帝賜予我們的禮物。對於這份禮物，我們只能平靜接受並且要細心去分析、去琢磨，不要抱怨上天在故意整我們，其實與困難同來的是培養我們自信心和自尊心的機會。你會發現當這個困難成為你的手下敗將時，你獲得的遠比那些安逸的同伴要多很多。

斯蒂芬・威廉・霍金這個名字你可能不太清楚，但是提到「黑洞」理論和「量子」學說，你就應該不會感到陌生了。

霍金曾先後畢業於牛津大學和劍橋大學三一學院，並獲劍橋大學哲學博士學位。出乎人們意料的是，他竟然是一個中樞神經殘障者！由於肌肉嚴重衰退，他失去了行動能力，手不能寫字，話也講不清楚，終生靠輪椅生活著。

可是他卻能憑藉一個小書架，一塊小黑板，還有一個他以前的學生做助手，最終在天文學的尖端領域——黑洞爆炸理論的研究中，透過對「黑洞」臨界線特異性的分析，獲得了震動天文界的重大成就，並因此榮獲一九八〇年度的愛因斯坦獎金。

一九八五年霍金又喪失了語言能力，他表達思想唯一的工具是一台電腦聲音合成器。他用僅能活動的幾根手指操縱一個特製的滑鼠在電腦屏幕上選擇字母、單詞來造句，然後透過電腦播放聲音，為了合成一個小時的錄音演講要準備十天。

如今，他已被稱為當代世界上最偉大的科學家，當代的愛因斯坦。他在統一二十世紀物理學的兩大基礎理論——愛因斯坦的相對論和普朗克的量子論方面走出了重要一步。

霍金的魅力不僅在於他是一個充滿傳奇色彩的物理天才，更因為他是一個令人折服的生活強者。他不斷求索的科學精神和勇敢頑強的人格力量深深地吸引了每一個知道他的人。我們無法想像一個身體條件差到無法自理的人要獲得如此巨大的科學碩果，他的背後曾經付出過多少努力。

是的，上帝也許真的給予了他超於常人的智慧，可是要是沒有那種克服困難的執著，沒有那種勇往直前的毅力，單單靠一個聰明的腦子也不一定能取得成功。

悲觀或者樂觀，堅強或者懦弱，前進還是退卻，依附還是自立，都在一念之間。這個偉人給我們留下的思考空間就是：對於一個真正勇敢的人來說，不論他的生存條件如何，都不會磨滅他的潛能，也不會降低他可能達到的人生高度。他會自我燃燒能量，他會鍥而不捨地去克服一切困難，發掘自身才能的最佳優點，揚長避短地、踏踏實實地朝著人生的最高目標邁進。

後記

困難到底是福佑還是懲罰，這要看個人對它的反應。若你能夠將困難看做命運之手對自己的無形引導，並接受這一信號，把自己的前進方向調整到正確的軌道上，那麼困難對你來說就是福佑；若你將困難看做是天意對自己本身軟弱與無能的暗示，而從此心灰意懶，那麼困難對你來說就是懲罰。如何對困難做出反應是極其關鍵的，它決定著整個的命運，但總是在個人的完全控制之中。樂觀一些，堅強一點，如果你能夠挺直腰板戰勝困難，那麼就可以一往無前，直至成功！

想方法解決困難

打破慣性思維，不必按理出牌，這就如同並不是只有一把鑰匙才能打開一把鎖的道理。

工作中困難肯定無處不在，解決困難的方法也肯定有，只要你有一雙善於發現問題、發現應對措施的眼睛。不要在落實工作的過程中一遇到困難就停滯不前，針對問題找出最佳對策才是上上策。方法總比困難多，動腦子找出最妙的方法去解決問題，不要停留於困難的表面止步不前。

在困難面前，有三種人：

第一種人，遭受了失敗的打擊從此一蹶不振，成為被失敗一次性打垮的懦夫，是無勇亦無智者。

第二種人，遭受失敗的打擊，並不知反省自己、總結經驗，只憑一腔熱血勇往直前，這種人往往事倍功半，即便成功，亦常如曇花一現，是有勇而無智者。

第三種人，遭受失敗的打擊，能夠極快地審時度勢，調整自身，在時機與實力兼備的情況下再度出擊，捲土重來。這一種人堪稱智勇雙全，成功常常蒞臨在他們頭上。

波斯灣打響的時候，美日衝突激化，傑恩作為日本凌志汽車在美國南加州的銷售代理，清楚地認識到，由於這場戰爭，美國人可能不再買凌志汽車。傑恩分析到，如果人們因為戰爭和社會穩定問題，不來參觀凌志汽車的話，那他肯定會失去工作。於是，他放棄了一般銷售人員慣用的做法，繼續在報紙和廣播上做大量的廣告，等著人們來下訂單。他是個銷售能力很強的人，他分析了一下當時問題的關鍵，列出了若干條可以實現的辦法，最後確定了其中最妙的一個手段，作為改變銷售形勢的策略。

在會議報告上，傑恩說道：「假設你開過一輛新車，然後再回到自己的老車裡，你會感覺到你的老車怎麼突然之間有了那麼多讓你不滿意的地方。或許之前你還可以繼續忍受老車的諸多缺點，但是忽然之間，你知道了還有更好的享受，你會不會決定去買輛更好的車呢？」

會後，傑恩立刻落實他所想到的那個新對策，他吩咐若干業務員工到戶外工作，讓他們各自開著一輛凌志新車，到富人常出沒的地方——鄉村俱樂部、碼頭、馬球場、比佛利山和韋斯特萊克的聚會等——然後邀請這些人坐到嶄新的凌志車裡兜風。這些富人享受完新車的美妙以後，再坐回到自己的舊車裡面，就會聽到他們的抱怨聲，於是相當多的人都購買或租了新凌志車，公司的生意日漸好轉起來。

傑恩的案例說明一個道理，克服困難的方法有很多種，但凡事都有解決的竅門，只要肯動腦子，對症下藥，就能找到捷徑、事半功倍，成為像傑恩一樣傑出的銷售者。

工作中遇到的問題往往沒有現成的「鑰匙」可找，在緊急時刻，我們需要的不是墨守成規的鑰匙，而是靈機一動，使出粉碎障礙的「重拳」。

後記

無論你做了多少準備，有一點是不容置疑的：當你進行新的嘗試時，你不可避免地可能犯錯誤。不管作家、運動員或是企業家，還是各式各樣的成功人士，在繼續追求更高理想的過程中都難免失敗。但失敗並非罪過，重要的是從中吸取教訓。

作為一個現代人，應時刻具有迎接失敗的心理準備。世界充滿了成功的機遇，也充滿了失敗的可能。只有不斷提高自身應付挫折與干擾的能力，調整自己，增強社會適應力，堅信成功在失敗之中，才能水來土掩，兵來將擋，勝券在握。若每次失敗之後都能有所「領悟」，把每一次失敗當做成功的前奏，那麼就能化消極為積極，變自卑為自信，失敗就能領你進入一個新境界。

培養挑戰困難的勇氣

退縮、放棄要比勇往直前容易得多。

有許多年輕人遇到困難的時候，便對所追求的目標心灰意冷。他們畏縮不前，在哀歎運氣不好的老生常談中，慢慢成了平庸的人，這不得不說是一個遺憾。真正重要的，並不是我們人生中的偶發事件，而是我們面對這些偶發事件的態度，以及我們如何化困境為機遇，創造各種不同的人生，絕不能因為命運而阻礙了自己的前途。

面臨困境，就是你向命運挑戰的時候，要有挑戰苦難的勇氣。當然，退縮、放棄要比勇往直前容易得多，多數人在日常生活中也證實了這一點，但是這些人恐怕都不是你所希望成為的成功人士。挑戰困難的人，在一個地方吃了閉門羹，就會去敲另外一扇門，一次又一次不斷繼續敲門，一直到被接受為止。在年輕時能培養出這種精神的人，一定會獲得成功。

保羅・高爾文是個身強力壯的愛爾蘭農家子弟，他充滿了進取精神。十三歲時，他見別的孩子在火車站月台上賣爆玉米花，便不由得被這個行業吸引了，也一頭闖了進去。但是他不知道，早已佔住地盤的孩子們並不歡迎有新人來競爭。為了讓這個新來的傢伙「懂點道理」，他們搶走了他的爆米花，並把它們全部倒在街上。這是他第一次做生意經歷的失敗。

第一次世界大戰後，高爾文從部隊退伍回家，在威斯康辛辦起了一家電池公司。可是無論他怎麼賣力銷售，產品依然打不開銷路。有一天，高爾文離開廠房去吃午餐，回來見大門上了鎖，原來公司被查封了，高爾文甚至不能再進去取出他掛在衣架上的大衣。

一九二六年他又跟人合夥做起收音機生意來。當時，全美國估計有三千台收音機，預計兩年後將擴大一百倍。但這些收音機都是用電池作能源的。於是他們想發明一種燈絲電源整流器來代替電池。這個想法本來不錯，但產品還是打不開銷路。眼看著生意一天天走下坡路，他們似乎又要停業關門了。此時高爾文透過郵購銷售辦法招徠了大批客戶。他手裡一有了錢，就辦起了專門製造整流器和交流電真空管收音機的公司。可是不出三年，高爾文依然破了產。到一九三〇年底，他的製造廠帳面上已淨欠三百七十四萬美元。在一個週末的晚上，他回到家中，妻子正等著他拿錢來買食物、交房租，可是他摸遍全身只有二十四塊錢。

這時他已陷入絕境，只剩下最後一個掙扎的機會了。當時他一心想把收音機裝到汽車上，但有許多技術上的困難有待克服。他沒有被自己多年的「厄運」嚇倒，還是堅持自己的想法，又多做了一次努力，果然這一次，皇天不負苦心人，經過多年的不懈奮鬥，如今的高爾文早已腰纏萬貫，他蓋起的豪華住宅就是用他的第一台汽車收音機的牌子命名的，這種收音機就叫做摩托羅拉。

通向成功之路並非一帆風順，有失才有得，有大失才能有大得，沒有承受失敗考驗的心理準備，闖不了多久就要走回頭路了。

在事業中，不畏困難、堅忍不拔、勇於向困難挑戰的人，他們所取得的成功比以金錢為資本的人更大。許多人做事有始無終，就因為他們沒有充分的勇氣，使他們無法達到最終的目的。然而，一個偉大的人，一個有勇氣的人卻從不會半途而廢。他們從不肯放棄，不肯停止，而在多次失敗之後，仍會含笑而起，以更大的決心和勇氣繼續前進。

後記

如果把困難當做失敗來消極對待，困難就會成為一股破壞性的力量；如果把它當做是教導我們的老師，那麼，它將成為一個福祉。命運之輪在不斷地旋轉，如果它今天帶給我們的是悲哀，明天它將為我們帶來喜悅。再積極一點，再行動一次，成功屬於那些永不言敗的人。

經驗並不是萬能的

一位銷售老手並不會改善他的銷售能力，卻會養成一大堆壞習慣。

在一個銷售主管協會所召開的會議上，GE公司的一位銷售經理在其所擔任該職務的六年之中，使該分公司的銷售量年年大幅度地增加，大家要求他談談成功的祕密。

他的回答令大家非常驚訝，說：「唯一的原因，恐怕是因為我堅持僱用沒有經驗的推銷員。」大家要求他作進一步的解釋。

他說：「大家不要誤解了我的意思，我不是在攻擊經驗。但至少就我們所經銷的設備來說，一個有幾年銷售經驗的人，其表現並不見得會比一個我自己訓練的年輕人來得好。事實上，一位銷售老手並不會改善他的銷售能力，卻會養成一大堆壞習慣。就我個人的淺見，有些分公司銷售量降低的真正原因，就是因為他們所僱用的推銷員在謀求他們個人利益方面太有經驗了。反過來說，一個沒有經驗的推銷員就不會墨守成規，他們反而更願意嘗試新的方法來創造好的銷售成績。並且我發現他們比在這個行業待了二十年的人，更熱誠、更具有活力。我深信一個人在工作上的表現，是取決於他渴望達到的程度。一個老手，在公司中已升到了相當的職位，他已經達到了相當舒適的生活水準，因此他就會想坐下來享受那種生活方式，而不會花更多的時間努力創造更好的銷售紀錄。但是一個推銷生手卻可藉著持續地改善他的銷售業績的方式來獲得許多利益。」

他說得的確有道理。經驗的重要性也是根據具體職位的要求而改變的。尤其是如果有人恃著經驗而盲目行事的話，後果通常是很嚴重的。「我都幹了二十年了，難道還要你來教我！」無論是管理者還是員工，這樣的態度將令公司走向衰敗。

是的，人們很容易把自己迷失在習慣之中，迷失在熟悉之中，這時，你需要用外界的力量來幫助自己，來提醒自己。人們更需要從客觀的角度，跳出熟悉的工作環境和思維方式，做科學的思考和計劃。從心理需求的角度深層次地挖掘你工作上的重點，在熟悉的工作中重新找尋發展的突破點，找尋工作激情的觸發點，實現真正的自我。

假如你通曉一切，就不該只懂得一加一等於二。就是說，應該較多地考慮常識範圍外的事。也就是說，不要被常識和慣例所束縛，不要有「不行」的念頭，而應該站在經營者的立場上，自由發揮想像力，強烈地要求和鼓勵技術人員開發一個接一個的新產品。

針對不同的工作性質、個人喜好、直覺等都能在工作中起到意想不到的作用。愛好，也是經常被考慮的因素。喜歡和不喜歡一項工作的人，其對待工作的態度是相差很大的。有這樣一句話，說人有了愛好，然後才能做到至善至美。工作也是同樣。讓喜歡這項工作的人去幹，這是最理想的。

「是的，我喜歡做這項工作。」

「我熱愛它，沒有它，我無法想像我的生活。」

「它給我帶來了很多歡樂，它已融入了我的生命。」

「我真的太喜歡做這項工作了！」

很多科學家就是如此，他們孜孜不倦追求某個目標，純粹是出於喜好。日本著名的管理大師松下幸之助把這個原則運用得很好。他說：「有句話叫做『有了愛好，然後才能做到精益求精。』把工作交給一個人的時候，應該把這句話當做一個原則，即要把工作交給願意做這項工作的人。我發現，凡是這樣去做了，結局往往是令人滿意的。」「如果一個人只是想利用這項工作另有所圖，一切為了自己考慮，那麼，哪怕他再強烈地要求『我要做』，你也不能答應他。相反，如果一個人十分喜歡這項工作，願意試試看，那麼你就讓他去做，結果往往是非常順利的。」

戴維在內心深處不太喜歡推銷員的工作。他性情比較溫順，打心眼裡厭煩做銷售，儘管他懂得怎樣與代理商之間達到平衡、真誠地相處。他也學會了用些手段來處理這些關係，即使他不喜歡。這種矛盾的心理讓他兩次寫辭職報告，但最後都沒有交上去。戴維很難選擇，因為上司比較看重他，他想也許我還是有做銷售的能力，就這樣做下去吧！但他還是不喜歡這樣的工作。最終，由於工作中的一項重大失誤，他離職了。

美國哈佛商學院的研究員曾進行過一次調查，向九十位大公司的管理人員提問：你在決策過程中是否會利用直覺？結果有六十九人的答案是「會」。

但幾乎所有的人都補充說：他們從不會在同事、上司面前承認這一點。因為職場要求管理人員凡事以事實為依據，以理性思維去說服別人，否則便會被上司、客戶或競爭對手輕視，認為你是個容易衝動且不成熟的人。——當然，我們只要清楚它是存在的，就行了。

調查發現：在那些決策過程中偏好使用直覺的人，他（她）的成功率明顯高於感覺型的人。或許你會對此發表不同觀點，沒關係，我們不妨看以下兩組訊息。

後記

人們常說，無論什麼樣的科學家，沒有直覺功能，都不會取得成功。就像偉大的發明家愛迪生，他的發明都是憑直覺突然閃現出來的，並依靠這種瞬間閃現創造出科學的東西。這至少意味著，直覺和科學如同汽車的兩個輪子，既不可偏袒直覺，也不能偏袒科學。要把它們兩者像兩個車輪一樣有機結合起來。

並不是說不懂經驗就好，最重要的是，不能被經驗捆住了手腳。我們的目標是盈利，而非經驗本身。

每天淘汰你自己

上司之所以是上司，一定有許多你所不具備的特質。

我喜歡看網球比賽，費德勒是我最喜歡的一位球星。近幾年他幾乎統治了男子網壇，在比賽中總能以一種令人信服的能力征服對手。如果單論某一個具體的環節，費德勒不見得是最出色的。可能有的選手發球比他好，有的選手防守比他好，但在和費德勒的較量中，他們都只能甘拜下風。費德勒靠的是什麼？是全面的技術，任何一個環節都沒有明顯的破綻。這種全面的技術使得他在任何類型的場地上都能有著出色的戰績。

全面，這絕對不僅僅是只有運動員才需要具有的素質。作為企業裡的一員，你同樣必須做到這一點。那種想靠著「一招半式」來獲得晉陞的可能性不太現實，因為在工作中，一個普遍存在的事實是，沒有誰是不可替代的，除非你能具有愛因斯坦、比爾·蓋茲那樣的才智。在一個公司裡，往往僱員之間的差別並不大。

即使你暫時掌握了一門別人不會的技術，用不了幾年，你的技術就會被複製。而別人手裡可能還掌握著你所沒有的技能。故步自封的唯一結果就是在競爭中處於劣勢，甚至會被淘汰。

即使不被淘汰，你也永遠只能維持你的狀況，毫無發展可言。你可以自我審視一下，看你自己在企業中處於什麼樣的角色，你是只注重把自己的本職工作做好，還是願意主動地去學習其他與你目前的崗位相關甚至不相關的崗位知識與技能呢？如果你還沒有這種意識，那麼我可以說，你還不是一個具有學習能力的員工。企業需要的是一專多能的「全方位」的員工。

你也許會說，我做好本職工作就好了吧？不然，會不會有適得其反的效果呢？事實上，當代企業對員工的要求已經從簡單的「專才」轉向了具有學習型特徵的「全才」，如果你只是「專才」而非「全才」，那麼即使你在今天可能成為企業的優秀員工，但是，你的這種優秀很可能會在明天就變得普通，後天落入不合格員工的行列。因為這個時代的變化誰都無法把握，技術的進步與職業要求往往會在一夜之間發生翻天覆地的變化。因而，能夠立於不敗之地的，只有「全才」，只有具有學習能力的卓越員工。

因而，成為「全方位」的員工，才是保障你成為卓越員工的最基本條件。學習可以讓你拓展自己的職業區域，當你透過學習掌握了企業所有職位的知識與技能，並且以主動的態度不斷吸納新的知識與技能，那麼，無論企業發生什麼樣的變化，也無論你的工作會有什麼樣的變動，甚至你的職業發生變化，你都可以應對自如，而不會因從未學習變得慌亂。

同時，透過學習成為「全方位」學習型員工，還可以讓你獲得比其他員工更多的機會，當你學習的知識與技能達到足以引起企業注意的時候，你的職業生涯也將因此而發生質的變化。你會得到高陞，會得到更好的平台來發揮你的所學，會擁有一個新的、可供你繼續學習的廣闊天地。

萊曼現在是一家建築工程公司的副總經理。幾年前他是應徵一名送水工人而進來的。萊曼並不像其他送水工那樣，把水桶搬進來以後就一走了之，他給每個工人倒滿水，並在工人休息的時候纏著他們講解關於建築的各項工作，他的好學引起了建築隊長的注意。兩周後，萊曼當上了計時員。成為計時員的萊曼依然勤勞的工作，他總是早上第一個來，晚上最後一個離開。由於他對所有的建築工作比如打地基、疊磚、製泥漿都非常熟悉，當建築隊的負責人不在時，工人們總喜

歡問他。有一次，萊曼把舊的紅色法蘭絨撕開包在日光燈上，以解決施工時沒有足夠的紅燈來照明的困難。負責人看到後決定讓這個好學而能幹的年輕人做自己的助理。現在萊曼已經是公司的副總經理，但他依然在不斷地學習各式各樣的事情。

要想成為一名全能型的員工，每天淘汰自己是個很好的思路。你可以把自己不好的地方挑出來，然後學習別人優秀的思考方式和工作技能。

後記

世上所有的經驗，都是由「事情」累積而來的。在你的成長過程中，每經歷一件事情，都是給你提供了一次極好的學習機會。作為一名員工，你的工作其實就是「做事」，你所做的每一件事，都是你學習的機會，如果你能夠充分利用這些機會，在解決每一件事情的過程中，你所學得的知識與技能都必然會有所增加。

藉口是責任的天敵

在工作中找藉口是一種不好的習慣。

如果在出現問題時不積極主動地加以解決，而是千方百計地尋找藉口，你的工作就會無限制地拖沓下去，以致沒有效率，工作總也不能及時落實下來。長此以往，藉口就變成了一面擋箭牌，事情一旦搞砸了，就能找出一些看似合理的藉口，以換得他人的理解和原諒。其實，找藉口只不過是為了把自己的過失掩蓋掉，心理得以暫時的平衡。但長此以往，藉口成習慣，人就會疏於努力，再也沒有渴望成功的動力了。

如果你總是以各種理由尋找藉口，你就會每次都做得差一點；如果你每次差一點，十次就會差一大截。如果一個企業的每位領導人、每名員工都比對手差一點，那麼這個企業早晚要被淘汰出局。很多人在工作中喜歡尋找各式各樣的藉口來為自己開脫，他們好像有找不完的藉口，可是卻沒想到企業的發展和個人的前途會在無休止的藉口中化成泡影。

麥克是公司裡的一位老員工了，專門負責跑業務，深得上司的器重。麥克的一隻腳有輕微的跛，那是一次出差途中出了車禍引起的，留下了一點後遺症，根本不影響他的形象，也不影響他的工作。如果不仔細看，是看不出來的。

有一次，他經手的一筆業務讓別人捷足先登搶走了，給公司造成了一定的損失。事後，他很合情合理地解釋了失去這筆業務的原因，原來他的腿傷發作，談判時比競爭對手遲到半個鐘頭。因為是第一次出現失誤，上司比較理解他，原諒了他。麥克自己也很得意，他知道這是一宗費力不討好比較難辦的業務，他慶幸自己的明智，如果沒辦好，那多丟面子啊。

嚐到了甜頭之後，每當公司要他出去聯繫棘手的業務時，他總是以他的腳不行，不能勝任工作為藉口而推托。但如果有比較好攬的業務時，他又跑到上司面前，說腳不行，要求在業務方面有所照顧，比如就易避難、趨近避遠等，他大部分的時間和精力都花在如何尋找更合理的藉口上。

碰到難辦的業務能推就推，好辦的差事能爭就爭。時間一長，他的業務成績直線下滑，沒有完成任務他就怪他的腿不爭氣。總之，他現在已習慣因腳的問題在公司裡可以遲到，可以早退，甚至工作用餐時，他還可以喝酒，因為喝點可以讓他的腿舒服些。

就這樣，麥克的舒服日子最終因為他總找藉口而終結了，老闆將他炒了魷魚。現在的老闆都是很精明的，有誰願意要這樣一個時時刻刻找藉口的員工呢？麥克被炒也在情理之中。

許多找藉口的人，在享受了藉口帶來的短暫快樂後，起初會有點自責，多多少少有點慚愧的味道。可是，重複的次數一多，也就變得無所謂了，原本有點良知的心變得越來越麻木。也許，藉口所說的原因，正是自己不能成功的真正原因吧。

拋棄找藉口的習慣，你就會在工作中學會大量的解決問題的技巧，這樣藉口就會離你越來越遠，而成功就會離你越來越近。面對失意和失敗，從不尋找任何藉口，只是積極地尋找解決問題的方法，這就是成功的祕訣。

後記

把「沒有任何藉口」作為自己的行為準則，讓自己擁有毫不畏懼的決心、堅強的毅力和完美的執行力，把握好每一分每一秒，用堅強的信念去完成任何一項任務。

忽視細節就是缺乏責任心

我們不缺少智慧、也不缺少勤勞，最缺少的就是做好細節的精神。

老子說：「天下難事，必做於易；天下大事，必做於細。」想成大事者，就必須從身邊的小事、細節做起。無論是生活中做人處事，還是工作中管理決策乃至生意交易，無不表現了細節的重要性。海不擇細流，故能成其大；山不拒細壤，故能就其高，說的就是這個道理。

談到細節，密斯・凡・德羅的話最為經典。他是二十世紀世界四位最偉大的建築師之一，他用五個字概括了成功的祕訣（**The devil is in the details**），那就是「魔鬼在細節之中」。他反覆強調，不管你的建築設計方案如何恢弘大氣，如果對細節的把握不到位，就不能稱之為一件好作品。細節的準確把握可以成就一件偉大的作品，細節的疏忽會毀壞一個宏偉的規劃。忽視細節，就意味著為未來埋下了隱患。

巴西海順遠洋運輸公司「環大西洋」號海輪是條性能先進的船，可是卻意外地在一次海難中沉沒了，二十一名船員全部遇難。當救援船到達出事地點時，望著平靜的大海，救援人員誰也想不明白，在這個海況極好的地方到底發生了什麼。這時有人發現救生台下面綁著一個密封的瓶子，裡面有一張紙條，二十一種筆跡，上面記載著水手、大副、二副、管輪、電工、廚師、醫生、船長的留言，有的是私自買了一盞檯燈用來照明，有的是發現消防探頭誤報警拆掉沒有及時更換，有的是發現救生閥施放器有問題卻沒有報告，有的是例行檢查不到位，有的是值班時跑進了餐廳……

最後是船長麥凱姆寫的話，發現火災時，一切糟糕透了，我們沒有辦法控制火情，而且火越來越大，直到整條船上都是火。我們每個人都犯了一點點錯誤，但釀成了船毀人亡的大錯。

正是因為船員們沒有把自己的那個細節把握好，最終釀成了這個慘劇。其實仔細想來，他們沒有放在心上的不過是一些小事，如果每個人能及時把發現的問題解決了，每個人都能夠敬業一點，這場悲劇根本就不會發生。

這場慘劇用血的教訓告訴我們，請不要忽視自己應該重視的細節，要時刻記住，也許你不經意忽略的細節會成為一場大錯的導火線，所以請好好把自己手中的小事做好做細，不要在你的崗位上留下隱患。

二○○三年美國「哥倫比亞」號太空梭即將返回地面時，在美國德克薩斯州中部地區上空解體，機上六名美國太空人以及首位進入太空的以色列太空人拉蒙全部遇難。

如果能夠在太空梭出發前準備更充分一些，或許就能避免這場災難，至少也可以減少事故帶來的慘痛損失。

不要忽略每一個細節。也許，影響全局的往往就是這些細微之處。我們不缺少雄韜偉略的戰略家，缺少的卻是精益求精的執行者。任何麻痺大意和對細節的忽視都會帶來難以想像的後果。細節的準確、生動把握可以成就一件偉大的作品，細節的疏忽則會毀壞一個宏偉的計劃。

後記

考慮到細節、注重細節的人，不僅認真對待工作，將小事做細，而且注重在做事的細節中找到機會，從而使自己走上成功之路。在工作中，要學會把握好重點，把重心落實在決定工作成敗的細節之上，這樣你獲得成功的機會就會大大增加。

認真才是真道理

認真的人，從不給自己犯錯誤的餘地。

人們總有這樣一個習慣，那就是認為動點腦筋耍點小聰明，任何問題都可以搞定，結果這些人往往在關鍵時刻出現錯誤，學術不精的醫科學生，懶得花更多的時間學習專業知識，結果在給病人做手術時，手忙腳亂，使病人承擔極大的風險；負責公司財務的會計師，由於算帳時的不認真，出現了很多問題，直接關係到這個公司的信譽和命運；律師平時不認真研讀法律法規，辦起案來笨手笨腳，白白浪費當事人的時間和金錢……這些不都是耍小聰明，缺乏認真態度的典型事例嗎？

南非的德塞公園最開始透過國際招標，確定了由一家德國的設計院來負責。中標當時就有非議，對德國設計院的水平懷疑頗多。結果建成後，市民們更不滿意，還覺得公園的某些地方不符合他們的審美觀念。後來南非人再建公園，就不用外國人了。七〇年代，南非人自己動手，修建了一個很大的公園——科克娜公園。可是沒想到，兩年後發生的幾件事卻使南非人的看法發生了驚人的變化。

在雨季到來時，科克娜公園被大水所淹，而德塞公園卻沒有一點雨水的痕跡。原來德國人不但為整個公園建了排水系統，還將地基墊高了兩尺。這些當初人們不能理解的地方，直到大水到來才顯示出自己的獨特作用。

科克娜公園在舉行集會時，因為公園大門過小造成了安全事故。這時人們才想到德塞公園大門的寬敞，給他們帶來了多少方便。而當時人們紛紛對德塞公園大門的過大給予了批評，還認為它有點傻。

炎熱的夏季，科克娜公園遮陽的地方太少，所謂的涼亭只是花架子，容納不了多少人。而德塞公園納涼的亭子，因為棚簷寬大，能容納許多人。

幾年後，科克娜公園的石板地磨損嚴重，不得不翻修。而德塞公園的石板地卻堅如磐石，雨後如新。而當初因為德塞公園的石板路投資過高，南非人差點叫德方停工。當時的德國人非常固執，一定要堅持自己的做法，雙方爭得臉紅脖子粗。當地人曾一度認為，德國人太死板、太愚笨。

現在看來，德國人是對的。德國人在設計時，考慮到了南非的各方面條件，包括天氣與季節，地理與環境。而南非人自己卻沒有顧及這些。德塞公園建完後，多年沒有變樣，而科克娜公園總要修修補補，已經花掉了建德塞公園兩倍的錢。為此，南非同行曾問德國同行，你們怎麼會這麼精明。德國人回答，相比你們的精明，我們只是認真罷了。

今天，德國的工業化之所以發達，很大程度上源自日耳曼民族極為認真的做事態度，德國人的認真勁在整個歐洲都是有所聞名的。與其說德國人比其他民族的人聰明，倒不如說德國更認真一些。

那麼，對於我們職業人來說，認真意味著什麼呢？認真意味著你應該高質量地完成任務，而不是交給老闆一份「半成品」；認真意味著你應該在關鍵的時刻出現在關鍵的位置上，而不是擅離職守；認真意味著你不放過每一個重要的細節，而不是差不多就可以。

一位叫泰勒的牧師在給孩子們講完故事後，向他們鄭重其事地承諾，誰要是能背出《聖經・馬太福音》中第五章到第七章的全部內容，他就邀請誰去西雅圖的「太空針」高塔餐廳參加免費聚餐會。《聖經・馬太福音》中第五章到第七章的全部內容有幾萬字，而且不押韻，要背誦其全文無疑有相當大的難度。儘管參加免費聚餐會是許多孩子夢寐以求的事情，但是幾乎所有的孩子都淺嘗輒止，放棄努力。幾天後，一個十一歲的男孩，胸有成竹地站在泰勒牧師的面前，從頭到尾按要求背了下來，竟然一字不落，沒出一點差錯，到了最後，簡直成了聲情並茂的朗誦。泰勒牧師在讚歎男孩那驚人的記憶力的同時，不禁好奇地問：「你為什麼能背下這麼長的文字呢？」男孩不假思索地回答道：「我竭盡全力。」

十六年後，那個男孩成了世界著名軟體公司的老闆，他就是比爾・蓋茲。比爾之所以成功，也許就是因為這份不同尋常的認真勁兒，讓他做任何事情都全力以赴。認真的人，從不給自己犯錯誤的餘地，因為精益求精，所以卓爾不群。

你的老闆，你的客戶肯定會對你提出這樣的要求，他們希望你能夠做出質量達到百分之百的工作。只有做到百分之百才是合格，百分之九十九也是不合格。他們把重要的工作委任於你，是對你的充分信任，同時是對你的尊重。人們有一個很不好的習慣，就是當他們達到百分之九十九的合格率，甚至低於這一合格率時，就沾沾自喜了，這是一種極為不認真的態度。你可能想不到，百分之九十九的工作完成質量，意味著：

每個月供應十個小時不安全的飲用水。
每天在當地國際機場來兩次不安全的著陸。
每個小時丟掉十六萬封信件。
每年有二十萬份開錯藥的處方。
每週做五百次不成功的外科手術。
每天由醫生遺棄五百個新生嬰兒。
每個小時有兩百二十萬份支票從錯誤的帳戶裡扣了錢。
每年你的心臟停止跳動三萬兩千次！

後記

現在你明白為什麼百分之百這麼重要了吧？沒有百分之百的完美，你的生活遲早會一團糟，百分之一的錯誤也可能造成致命危害。如果你做的每件事都能百分百認真，達到百分百的完美，你的生活和整個世界都將變得何其美好！

低調做人與高調做事

低調做人，就是用平和的心態來看待世間的一切。

有一位現已年逾七旬的低調「窮人」。他自己開車，衣服總是穿破為止；最喜歡的運動不是高爾夫，而是橋牌；最喜歡吃的不是魚子醬，而是玉米花。香港人常愛談論豪宅，他住的是一九五七年用三萬美元在內布拉斯加州買下的屋子。五十多年來，他一直住在奧馬哈的這一幢房子裡。灰色粉刷的外牆無形中也反映出他處事的態度——非常的低調。有趣的是，他所居住的地區還被當地政府列為「有損市容」的地方。在香港出差的時候，他還用賓館贈的優惠券去買打折的麵包。

家人給他買件新衣服他卻拿去退掉，堅持穿著身上已經穿了數年的衣服。有一次，他彎腰從地上撿起了一枚不知道誰掉的，也不知道躺在那裡多久了的硬幣，認真地說：「這或許就是下一個十億美元呢！」

當他已是億萬富翁的時候，誰也不會相信，他那剛剛當上了媽媽的寶貝女兒臥床在家，只能看自己的小黑白電視機。他答應出資為兒子買個農場，但同時聲明，必須每年按合約規定交租金，否則立刻收回。

對財富他有自己的理解。他認為，財富來自於社會，早晚它還應當回報於社會。他告誡兒女不要期望在他身後獲得巨額遺贈，因為他不想讓他們坐享其成，更不想讓他們毀於財富。二〇〇六年，他將自己財富的一半以上，約三百億美元捐給了比爾・蓋茲及其妻子建立的「比爾與梅琳達・蓋茲基金會」。

如今的大多數時間裡，他深居簡出，躲在奧馬哈的家中，除了家人，連個助手都沒有。他的車牌上還標著「節儉」的字樣。他的傭人，兩周才來一次。他創辦的公司之一凱特威廣場第十四層的伯克希爾公司，儘管富可敵國，但全體人員僅有十一人，這裡沒有諸如門衛、司機、顧問、律師之類的職位。不愛拋頭露面，不喜歡張揚個性，生活方式保持低調。他把自己的生活準則描述為：「簡單、傳統和節儉。」而這六個字剛好恰如其分地反映了他低調做人的思維。

高調做事，就是做任何事情都要全力以赴，認真踏實地把它們做好。而他顯然做到了，正是低調做人，高調做事，使他成為了美國最大和最成功的集團企業的塑造者，一個全球公認為現代「久經磨煉」的經理人和領導人，一個比傑克・韋爾奇更會管理的人，一個宣稱在死後五十年仍能管理和影響公司的人！那麼，這位頗具傳奇色彩的「窮人」到底是誰呢？他就是身價四百多億美元的世界第二富豪沃倫・巴菲特！而他所有的成功在很大程度上可以歸結為其所擁有的成人思維，即「低調做人，高調做事」，正是因為他做到了這一點，所以他才取得了如此大的成功。修練到此種境界，為人便能善始善終，既可以讓人在卑微時安貧樂道，豁達大度，也可以讓人在顯赫時持盈若虧，不驕不狂。

但低調做人，並不是什麼事情都退在後面，自己的利益被別人剝奪強佔也不發任何聲音，自己的人格被別人侮辱也不反抗，這不是低調，這是懦弱。低調做人，是不要太招搖，不要有點小本事就拿出來招搖，不要有事沒事就往老闆跟前湊然後做出一副老闆面前紅人的模樣，什麼事情自己心中都要有數，要清楚，自己有本事慢慢拿出來用，在別人最需要的時候拿出來用，樂於幫助別人，為別人服務。

而高調做事，也不是喊著口號舉著旗子讓全世界的人都知道我們要做什麼，而是我們對自己所做的事情看得很透徹，把握其根源和關鍵，在自己有把握的時候以一種很高很專業的姿態去做，漂亮地做好做成功。當然，如果我們沒有把握的話，那還是先好好琢磨琢磨，找人商量商量、請教請教，如果還是沒有完全的把握，那我們就盡力去做，就算出了問題，畢竟自己全力以赴了，也就不會有什麼遺憾。事情是自己做的，但別人都看在眼裡，沒有哪個老闆是瞎子，嘴上不說，心裡都明白是怎麼樣。別害怕做替死鬼，出了事情必然有人承擔，如果能輪到你承擔，說明你已經具備了承擔的能力。別害怕自己的勞動成果被別人剝奪，因為你做的事情，自然有人看在眼裡。

我們都知道，當今社會，與人相處，只要稍有點處理不當，就會招致不少麻煩。輕則，工作不愉快；重則，影響職業生涯。因此，與人相處，關鍵是要學會低調！而同樣，在這個社會裡，要想做好事，必須先做人。做好了人，才能做好事。做人要低調謙虛，這樣才能很好地與人相處，而做好了人的話，在做事時要高調要有信心，事情做好了，那麼我們的做人水平就又上了一個台階，所以說做人和做事其實是一個互補的過程。

低調做人，是一種品格，一種姿態，一種風度，一種修養，一種胸襟，一種智慧，一種謀略，是做人的最佳姿態。欲成事者必要寬容於人，進而為人們所悅納、所讚賞、所欽佩，這正是人能立世的根基。

學會低調做人，就要不喧鬧、不矯揉造作、不故作呻吟、不假惺惺、不捲進是非、不招人嫌、不招人嫉，即使認為自己滿腹才華，能力比別人強，也要學會藏拙。只有當我們徹底學會了低調做人，把它運用到爐火純青的地步，我們才有可能去以正確的思維去做到高調做事。

後記

在我們的工作中，其實需要面對的只有兩件事：一是學會做人，即低調做人；二是學會做事，即高調做事。而這二者並不是沒有聯繫的。以謙虛、低姿態及感恩的心去面對他人，以認真、仔細、自信及積極的心態去做事，我們就已經做到了「低調做人，高調做事」，我們就已經向成功邁出了堅實的一步！

當工作的節奏加快時，我們有機會成倍地體驗各種機會，包括大大小小的挫折感。而人作為情緒的動物，經常會因為一點負面的感受悶悶不樂，怨天尤人。如果受夠了做負面情緒的奴隸，那就來學會「陽光心態」吧，這可以幫助我們贏得生活和事業的成功。

5 Chapter

無論怎樣，都要充滿自信

你在為你的飯碗擔憂嗎

提心吊膽其實是人們在面對事物時，產生的一種恐懼狀態的消極心理，是一種悲觀主義的心理，一種自卑的心理。

在我們的日常生活中，常常會遇到這樣的一些人，他們天天提心吊膽、畏首畏尾地做事，他們對自己的工作、對自己的人生缺乏自信。他們經常對自己持懷疑的態度，懷疑自己能否完成某項工作，懷疑自己是否有能力去做好某件事，甚至懷疑自己能否有所成就。正是這種悲觀的情緒，造就了他們的失敗人生。

悲觀主義是消極的，它是破壞活力和束縛個人發展的黑暗地牢。那些總是只看到事物陰沉黑暗面的人，那些總是預測自己可能遭遇不利和失敗的人，那些只看到生命中醜惡骯髒和令人不快的人，將受到致命的懲罰。他們會使自己一步一步接近他們所擔心的那些東西，使恐懼和擔心變成了現實。

悲觀主義的人往往是比較自卑的人。自卑是一種消極的自我評價或自我意識，也就是個人認為在某方面總是比不上他人而產生的消極情感。自卑感就是個體把自己的各方面能力、個人品質估計偏低的消極意識。他們總是感到各方面不如別人，沒有信心，進而悲觀失望，不求進取。

一旦一個人被自卑控制住，那麼他就會受到嚴重的束縛，聰明的才智便無法發揮。自卑是束縛創造力的最大危害，自卑倘若駐留在我們心中，就會在事情似乎已有所突破時把它弄砸了。

事實上，對成功的恐懼使我們拖延了成功的時間，錯過了成功的機會。英國的弗蘭克林就是一個典型的例子。

在一九五一年，英國的科學家弗蘭克林從自己拍攝的X射線照片上發現DNA的雙螺旋結構後，他計劃就此發現做一次演說，但因為自卑，他放棄了這次演說。一九五三年，科學家沃森和克里克也發現了同樣的現象，從而提出了DNA的雙螺旋結構的假說，使人們進入到了生物時代，並因此獲得了一九六二年度的諾貝爾醫學獎。

其實弗蘭克林是完全可以成功的，但是他在這件事情上，表現得提心吊膽，畏首畏尾。如果他能夠有自信，並且果斷地採取行動，那麼他將是一個諾貝爾生

物學獎的獲得者。但正是他的悲觀主義和自卑的心理，造成了他注定失敗的命運。如果不是因為他的自卑，那麼我們今天熟悉的雙螺旋結構，將會以弗蘭克林冠名。

其實每個人都有自卑感，只是程度不同而已。人們對改進現狀的追求是永無止境的，因為人類的需要是永無止境的。但因為人類無法超越宇宙、跨越時空，無法擺脫自然的束縛，因此就產生了自卑。從哲學角度講，人產生自卑是自然而然的。不過，對於具體的個人而言，產生自卑則可能是有條件的。

個體對自己的認識往往依賴外部環境的反映和別人的評價，這個原因早已被心理學所證實。

比如一個畫家，對自己很有信心，但是如果每個和他接觸的人都說他畫得不好，他肯定會產生自卑的心理。作為一個自信的人，他能夠克服自卑、超越自卑，他能夠合理地調節心理承受力，成功地做好事情。

後記

強者並不是天生的，他也並不是沒有軟弱的時候。強者之所以強，是由於他能更好地認清自己，客觀地評價自己，他們能夠戰勝自卑。每個人的自卑程度不同，克服和超越的程度也不同，所以成就的事業也就不同。所謂的成就也就是揚長避短，盡力而為的結果。即使沒有成功，只要你盡力了，充分發揮了自己的才智，你就享受了成功的人生！

把擔憂變成進步的動力

每個人都希望自己在事業上有所成就，但真正在事業上有所成就的，只不過是極少數的人，大部分的人都是平庸者，那麼是什麼讓他們有如此的差距呢？答案只有一個，那就是自信。

成功者和普通者在性格上的區別很簡單，前者往往比較自信、有活力，而後者則不這樣，儘管他們也很有錢、很有權，但總是在內心裡感到灰暗和脆弱。成功者大都有「碰壁」的經歷，但堅定的信心使他們能夠透過搜尋薄弱環節和隱藏的「門」來另闢蹊徑，他們透過總結教訓來獲得成功；而普通者一旦「碰壁」之後，就一蹶不振，畏首畏尾，產生悲觀情緒，產生自卑的心理，或是乾脆放棄原來的目標，以致於徹底失敗。

信心對立志成功者來說是不可替代的。信心是一種自我激勵的力量，凡是有作為的人都有超強的自信心，不管在工作中遇到多少困難，仍然認準自己的目標，

腳踏實地走出一條自己的路。

一位孤獨的年輕畫家在屢遭挫折後，終於找到了一份工作。他住在廢棄的車庫裡，條件十分簡陋。每逢深夜，他常常聽到一隻小老鼠吱吱的叫聲。久而久之，小老鼠竟爬上了他的畫板嬉戲，他與它享受著相互依賴的樂趣。不久，畫家被介紹到好萊塢去製作一部有關動物的卡通片，一開始，他的工作進度很緩慢，他常常為畫些什麼冥思苦想。終於，在一個深夜，他回憶起那隻在畫板上跳舞的小老鼠。於是，他妙筆生花，一個活靈活現的卡通形象——米老鼠誕生了。

這個年輕的畫家就是美國極負盛名的沃特・迪士尼先生，他創造了風靡全球的米老鼠。上帝只給了他一隻老鼠，讓他的大腦儲存了珍貴的靈感。

想想看，上帝給予人類的豈止是靈感。知道海倫・凱勒嗎？知道保爾・柯察金嗎？知道張海迪嗎？上帝有時候會殘忍地降臨災難，可是，許多與病痛為伍的人，卻不乏自己的生命價值。命運的一端是上帝給的災難，另一端則是他們生命的韌性。有時，失敗的對面，恰恰就是成功。實業家路德維希・蒙德的經歷就是最好的說明。路德維希・蒙德學生時代曾在海德堡大學同著名的化學家布恩森一起工作，他發現了一種從廢鹼中提煉硫黃的方法。後來他移居英國，在那裡幾經周折才找到一家願意同他合作開發此技術的公司，事實證明此項技術的經濟價值非常高，於是蒙德萌發了開辦化工企業的想法。

不久，蒙德買下了一種利用氨水的作用使鹽轉化為碳酸氫鈉的方法，這種方法是他一起參與發明的，但當時還不很成熟。於是蒙德在柴郡的溫寧頓一邊買地建造廠房，一邊繼續實驗，以求完善這種方法。儘管實驗屢屢失敗，但蒙德從未放棄，夜以繼日地研究開發。經過反覆的實驗，他終於解決了技術上的難題。

一八七四年廠房建成，但起初生產情況並不理想，成本居高不下，連續幾年，企業完全虧損。同時，當地居民由於擔心大型化工企業會破壞生態環境，也拒絕與他合作。蒙德陷入了困境。

但是堅韌的性格和超強的自信心幫助了蒙德，他不氣餒，終於在建廠六年後的一八八〇年取得了重大突破：產量增加了三倍，成本也降了下來，產品由原來每噸虧損五英鎊，變為獲利一英鎊。當時的英國，工廠普遍實行十二小時工作制，工人一周要工作八十四小時。蒙德做出了一項重大的決定，將工人的工作時間改為每天八小時。由於工人的積極性極度高漲，每天八小時內完成的工作量與原來十二個小時完成的一樣多。工廠周圍居民的態度也發生了轉變，爭著進他的工廠做工，因為蒙德的企業規定，在這裡做工，可獲得終身保障，並且當父親退休時，還可以把這份工作傳給兒子。後來，蒙德建立的這家企業成了全世界最大的生產鹼的化工企業。

蒙德的人生經歷和企業發展的過程說明了一個問題：逆境是上天給人們的寶貴的磨煉，只有具有自信心的人，只有經得起考驗的人，才能在逆境中汲取營養，才能成長為真正的強者。

後記

自古以來，許多偉人和成功人士，大多都是憑著不屈不撓的自信精神從逆境中掙扎著奮鬥過來的。在人的一生中，決不會順利地走向巔峰，遭遇挫折或失敗是難免的，這就要求我們必須有堅強的自信心。逆境是一種優勝劣汰的選擇機制，越過了逆境這座分水嶺，人生必然會呈現一種嶄新的境界。否則，只能是平庸一生，碌碌無為一生。是堅強走過去，還是懦弱地停下來，全在你自己的選擇！

要有無所畏懼之心

要掌握自己的命運就必須無所畏懼。

很多新人在求職時或多或少都存在著某種恐懼的心理。一位員工這樣描述他第一次來到紐約的情景：「當我站在紐約街頭的時候，心裡一片茫然，一種從未有過的恐慌向我襲來，你會發現周圍的人都很忙，但別人做的事，沒有一件你可以做，『我能做什麼？』看著掃大街的人，我在想，我是否可以掃得和她一樣好，是否可以找到一份和她一樣的工作。」克服膽怯的心理是他們首先要做的事情。

如果有人討教怎樣克服膽怯害怕心理，我通常建議他嘗試做一件事：找機會多參加大型的集會。先別忙著找座位，等到主持人宣佈活動正式開始時，你再鼓足勇氣目中無人地逕自走到前台一、二排的貴賓席，尋個空位子坐下。不用擔心，在那一般都會有不少空座位，來賓彼此也未必全認識，無法識破你是一個無關緊要的局外人，出於禮貌，他們還會跟你客氣，與你搭訕。

這種訓練膽量的方法源於我的朋友弗蘭克的一次難忘經歷的感悟。

讀大學時，弗蘭克參加了學生社團舉辦的舞蹈愛好者沙龍。弗蘭克來自一個小鎮，天性懦弱。第一次參加活動時，弗蘭克在大門外面兜的圈子足足有十來個回合，怎麼也壯不起膽子踏進室內。眼看就要開始了，弗蘭克強迫自己抬起哆嗦的右腿朝裡伸，跨過門檻後，使勁地讓重心往前移，直至腳跟著地。身軀總算進去了一半，此時弗蘭克確信已邁出了關鍵的一步。

大廳中間用桌子圍成半個圓圈，周圍擠站著不少人，只有第一排的邊上仍有一把椅子空著。弗蘭克沒作更多的考慮，鬼使神差地穿過中心區，挪開空椅子靠坐下去，如釋重負。在弗蘭克坐下的一剎那，鄰座的人眼角散射出異樣的餘光。不久還有一位遲到的漂亮女生對弗蘭克莞爾一笑，並端走了前面桌子上的一隻茶杯。這個位置優越，可以清楚地看到大師們的現場表演，弗蘭克料定今晚會大有收穫。

幾位同學談完學舞心得後，主持人做了個手勢，宣佈現場表演開始，眾人的目光向弗蘭克移來。此時，弗蘭克才發現剛才那位女生不知什麼時候已經搬來凳子坐在旁邊。她起身向前台飄去，噢，她的舞姿美得就像她本人。沙龍結束，弗蘭克心滿意足地邁出大廳。一位志同道合者猛地拍了一下弗蘭克的肩膀，奚落道：「你可真夠勇敢，負責人剛離座你就敢雀巢鳩佔。」愕然之後是釋然。弗蘭克很開心自己第一次越過了膽怯這道柵欄，而且佔了別人的位子還全然不知，否則，弗蘭克斷斷不敢如此放肆。弗蘭克也很慶幸碰上了好人，否則，那份尷尬、難堪定然使弗蘭克無地自容，日後再也不會參加類似的活動了。

後記

當先驅者已經開闢出了一條大路，跟風的人馬上一擁而上。這些追隨者，充其量只能拾別人牙慧，聰明的人早已開始行動，走上了充滿驚奇的探險之路。路是人走出來的，並且永遠只有那些走在最前面的勇敢的人得到的利益和驚喜最多。

在現實生活中，我們缺少的正是那種敢於涉足新領域、新事物的先鋒，在他們身上，表現出我們社會的創造力，表現出勇敢、勇氣、追求和完美的精神。

信念的力量

多年的經驗告訴我，無論什麼事情，要取得成功，最重要的條件是要有強烈的願望和堅定的決心，無論如何都要獲得成功，而且只許成功，不許失敗。

一旦有了這種堅強的成功信念，可以說，事情就成功了一半。這個信念會鼓舞著你為了事業成功而尋找必要的手段和方法。

美國著名學者、博物學家兼哲學、解剖學、心理學教授威廉•詹姆斯是這樣論述信念的：「只要懷著信念去做你不知能否成功的事業，無論從事的事業多麼冒險，你都一定能夠獲得成功。」

無堅不摧的信念，是激勵自己達到所希望的目標的積極態度。在任何世界級公司，總是貫徹積極鼓勵員工的信念，如果你清楚地瞭解你正在做的事情，你覺得它是有益的，那麼，堅持不懈地做下去！

在鼓勵員工的信念上，福特公司做得很好。福特野馬（Mustang）研發出來後，總設計師傑克・漢克斯要向推銷員們介紹車的性能及優勢，並回答推銷員們提出的各類問題。在這個討論會上，傑克・漢克斯進入會場，沒講一句開場白，手裡卻高舉著一張二十美元的鈔票。面對會議室裡的兩百個人，他問：「誰要這二十美元？」一隻隻手舉了起來。他接著說：「我打算把這二十美元送給你們之中的一位，但在這之前，請准許我做一件事。」他說著將鈔票揉成一團，然後問：「誰還要？」仍有人舉起手來。他又說：「那麼，假如我這樣做又會怎麼樣呢？」他把鈔票扔到地上，又踏上一隻腳，並且用腳碾它。爾後他拾起鈔票，鈔票已變得又髒又皺。「現在誰還要？」還是有人舉起手來。「朋友們，你們已經得到了你們所要的答案！無論我如何對待那張鈔票，你們還是想要它，因為它不會貶值，它的價值就擺在那裡，明眼人都看得到。是的，這就是我們的福特野馬車，它是獨特的，卓越非凡的，你們要相信這一點！」接著，傑克・漢克斯才從野馬車獨特的設計理念開始，將每一個細小的環節一一詳細介紹。

在這一年裡，福特野馬車的銷售量高達一百萬，掀起了一股橫掃美國的汽車熱潮！這就是信念創造的奇蹟！

我們是獨特的——永遠不要忘記這一點！

上帝讓你和你的事業存在，一定有他的理由。這個理由需要你去尋找。

傑克・漢克斯從小就知道信念的價值，而這得益於他的父親。回憶自己的成長經歷，傑克・漢克斯對父親講述的那個故事記憶猶新。當時，傑克・漢克斯才九歲，他非常喜歡拆裝零件，想方設法把家裡的小東西拆開來，又重新一一裝上去。那時候，窮人家的孩子要成為機械師是一件很難的事，當傑克・漢克斯對同學說「長大了要做機械設計師」時，他遭到了嘲笑。他哭著對父親訴說，父親嚴厲地看著他，給他講了一個令他終生難忘的故事。

「據說，誰佩帶著那個箭囊，就會具有無堅不摧的意志。在兒子出征前，父親將箭囊鄭重地交給他。箭囊製作精美，厚牛皮打製，鑲著幽幽泛光的銅邊兒，再看露出的箭尾。一眼便能認定是用上等的孔雀羽毛製作。兒子喜上眉梢，貪婪地推想箭桿、箭頭的模樣，耳旁彷彿嗖嗖的箭聲掠過，敵方的主帥應聲折馬而斃。果然，佩帶箭囊的兒子英勇非凡，所向披靡。當鳴金收兵的號角吹響時，兒子再也禁不住得勝的豪氣，完全背棄了父親的叮囑，強烈的慾望驅趕著他呼的一聲就拔出箭，試圖看個究竟。驟然間他嚇呆了。一支斷箭，箭囊裡裝著一支折斷的箭。我一直佩帶著支斷箭打仗呢！兒子嚇出了一身冷汗，彷彿頃刻間失去支柱的房子，意志轟然坍塌了。結果不言自明，兒子慘死於亂軍之中。拂開濛濛的硝煙，父親撿起那柄斷箭，沉重地啐一口道：『不相信自己的意志，永遠也做不成將軍。』」

你自己才是一支箭，若要它堅韌，若要它鋒利，若要它百步穿楊，百發百中，磨礪它，拯救它的都只能是自己。但是最最重要的，你要信賴它！

傑克・漢克斯一遍又一遍地將這個故事重溫，無論條件多麼惡劣，在他的心中都從來沒有動搖過想當機械設計師的信仰。他相信，主能感受到他屹立不搖的信念。他生於這個世上，絕不是為了做一個卑微的弱者！

對事業懷有信念，乃是獲得成功不可或缺的前提。當然，這並不是說其他因素不重要，但信念，是不可思議的，它所能產生的能量，無與倫比！

《聖經・馬太福音》裡是這樣寫的：「只要你有一粒蓋菜種子大的信仰，就沒有任何事情你做不到。」

從優秀走向卓越

信心是我們前進的動力。在我們的生活之中，每天都將不可避免地遇到困難，只要我們有充分的自信、足夠的勇氣去面對，那麼這些困難都將迎刃而解。

在我們的人生旅途中，只要我們認定自己的目標，並且勇敢地走下去，那麼我們就將成就完美的人生！

有方向感的信心可讓我們的每一個意念充滿力量。當你用強大的自信心去推動成功的車輪，你就會平步青雲，最後攀上成功的頂峰！海倫・凱勒的一生就是最好的證據。

她十九個月時，由於一場大病而又聾又啞。生理上的變化讓她的心理變得急躁不安，簡直就是一個十惡不赦的「小壞蛋」。

幸運的是她遇上了一位偉大的光明天使——安妮・莎莉文女士。莎莉文也是位不幸的女性，十歲時就被送入痲省孤兒院，十四歲時雙眼得病幾乎失明，然而她學習了英語，並成為海倫的家庭教師。

莎莉文女士對海倫的每一次教導都十分困難，海倫固執己見，透過又哭又喊來抵制教育。但莎莉文女士卻僅用了一個月的時間便與她建立了溝通。她成功的因素是自我成功與重塑命運——信心與愛心。

就是這樣兩手相牽，兩心相連，莎莉文用愛心與信心撫平了海倫心裡的創傷，喚醒了她沉睡的意識力量。自然聾啞的海倫，憑觸覺——指尖代替眼睛和耳朵，學會了與外界的溝通。十多歲時，她的名字就已傳遍全美，成為殘疾人的模範。

倘若說小海倫沒有自卑感，那是不正確的，也是不公平的。幸運的是莎莉文使她樹立起了生活和學習的信心，實現了對自卑的超越。

海倫孜孜不倦地接受教育，並獲得了超越常人的知識，順利地進入了哈佛大學拉德克力夫學院學習。她說出的第一句話是：「我已經不是啞巴了！」她是世界上第一個受到大學教育的聾啞人，並以優異的成績畢業。

海倫不但學會了說話，而且還學會了用打字機著書、寫作和「鑑賞」音樂。她的觸覺很敏銳，甚至能夠把手放在對方嘴唇上來感知對方在說什麼。

倘若你和她握過手，幾年後當你們再見面握手時，她會憑握手認出你，知道你是美麗的、強壯的、爽朗的或是體弱的、滑稽的或是滿腹牢騷的人。

她自始至終對生命充滿信心，充滿熱誠。憑她那堅強的信念，她終於戰勝了自己，實現了自身的價值。二戰後，海倫·凱勒在歐洲、亞洲、非洲各地巡迴演講，喚起人們對身體殘疾者的重視，被《大英百科全書》稱為殘疾人中最有成就的代表人物。

馬克·吐溫評價說：「十九世紀中，最值得人們紀念的人是拿破崙和海倫·凱勒。」

後記

懂得「信任」自己「心靈」的人，最終必然會取得成功，海倫·凱勒用自己的行動證實了這一點，信心不僅創造了物質財富，而且創造了精神財富，成就了完美的人生！擁有信心的人，必將從平凡走向優秀，從優秀走向卓越！

隨時激勵自己

不可否認，在事業上拚搏，如同在海上航行，再集中精力的水手也會有疲憊的時候，一不留神，大浪打來就偏離了航線。

工作中，我們難免會出現倦怠，也會遭遇挫折，在這種情況下，最需要的就是打起精神，讓自己的航線不偏離軌道，最終到達事業成功的目的地。

很多人都和我講過，當他們剛剛步入工作崗位的日子裡，充滿無窮的動力，想要在事業上有所成就。但是隨著時間的推移，這種動力逐漸減弱，甚至是消失殆盡。人們往往再也無法找回剛工作時的那種專注和熱情，把追求事業成功當做可有可無的事，命運的曲線沒有任何增長，事業也停步不前。

無論是寶馬還是法拉利，如果油箱不能及時補充汽油進來，喪失了動力也無法繼續前行。工作也是如此，我們也需要不斷添加燃料，不斷獲取源源不斷的動力，否則我們也會像沒有汽油的汽車一樣停在路邊，無論你在別人看來是名車也好，普通車也好。

如果你的油箱沒有油了，就趕快加滿它，千萬不要有一時的鬆懈。你一定要充滿自信，不斷自我激勵，才能讓你獲得源源不斷的動力。

或許你會問，激勵的力量到底有多大呢？

幾年前，美國《商業週刊》雜誌，對美國前五百家大企業的領導者作了一次調查研究，發現這些人身上的第一個共同點是：他們都重視自我激勵。他們有的把激勵自己的話錄成磁帶；有的抄在小本子上隨身攜帶；有的寫在紙上張貼在自己視線所及的地方；有的每天花幾分鐘的時間，面對鏡子反覆朗誦那些令人振奮、令人自信的語句。他們就是這樣來激勵自己，走向成功的。

人的一生不可能都是掌聲、鮮花，誰都會經受挫折時的悲觀，委屈時的苦惱，選擇時的彷徨，即使已經獲得巨大成功的人也無一例外。「人在進退維谷的境地或是心海迷茫的當口最容易消沉」，這時一句鼓勵和讚賞的話，往往就能改變一個人的命運。

有個年輕人被判終身監禁，失去了活下去的勇氣，在結束自己的生命之前，監獄長找他談話。

監獄長問他：「你在這個世界上最喜歡的人是誰？」

年輕人搖了搖頭。

監獄長又問：「那麼你最喜歡的事是什麼？」

年輕人又搖了搖頭。

監獄長接著問：「那麼在你心裡有沒有一句最受到鼓舞的話？」

年輕人仍然搖搖頭。

監獄長臨了說：「你回去想想，在這二十幾年裡難道就沒有一句使你受鼓舞的話？等你想出後，再來告訴我。」

年輕人想了很久，總算搜索到半句，那是中學裡一位美術老師說的。一次當他將一幅惡作劇的塗鴉習作交給老師時，老師說：「你畫了些什麼？不過色彩倒還很漂亮。」年輕人把這半句話告訴了監獄長，監獄長讓他每天早晚唸唸這半句鼓勵的話。

從此這半句鼓勵的話，喚醒了深藏在他內心的靈性，最後他不但活了下來，還成了一名畫家。

半句激勵的話能改變一個人，這絕非誇大其詞。因為語言本身具有左右潛意識的驚人力量，而潛意識的強大能量，又可以把被指令的所有事情變為現實。

如果你在接受一項新的任務時，張口閉口說：「這太難了！我辦不到。」當你每說一次，就是給自己一次難以完成的暗示，這樣的暗示將「太難了」一遍又一遍深深地刻到自己的潛意識裡，潛意識便自然處於無法進行的狀態之中。

後記

我們每個人的身上都隱藏著無窮的潛能，有如一位沉睡的「巨人」，等待我們用睿智的心語去喚醒他。誰能喚醒他，誰就能在逆境中有希望，危難時不悲傷，失敗時有韌勁，迷路時不彷徨。誰能喚醒他，誰就能確立遠大目標，創造輝煌。

踏實為成功打下堅實的基礎

當麥田裡的苗兒長成麥穗時，你可曾想過，這金色果實背後樸實而黝黑的面龐？當稚氣未脫的孩子即將帶著喜悅邁入象牙塔時，你可曾想過，他們的成功背後又蘊涵著怎樣的艱辛與付出？

每一個人都有他自己的生長季節。很多人都已注意到了李嘉誠的幸運、天時、地利等。也如很多人注意到的，儘管每一代人都有可重複性，但李嘉誠卻是空前絕後的。李嘉誠大概是香港市場諸多巨富中少有的出身貧寒者，少有的常青樹，在市場和管理的各個領域和各個層面都成功過的佼佼者。可能用踏實形容李嘉誠並不恰當，但從一個連小學文憑都沒有的學徒，到亞洲首富，必定是一步一個腳印走過來的。

想必，許多朋友聽到過下面這則故事：

一日，所羅門王在麥田對一個女孩說：「你把麥田裡最大的麥穗幫我選出來，我會賞給你一件最貴重的禮物。」小女孩說：「這太容易了！」所羅門王補充說：「但我們還要有一個約定，那就是你必須一直向前走，不能後退，不允許停，你選擇的麥穗越大，我賞你的禮物越貴重。」一路上，小女孩總是嫌所看見的麥穗太小，結果，當她從麥田走出來的時候，一棵麥穗也沒有選到，一件禮物也沒有得到。

這則簡單的故事告訴了我們一個深刻的道理。這也好比剛剛踏入社會的人，尤其是一些知名大學的畢業生，總是以「天之驕子」自居，心氣比天還高。選擇職業，這山望著那山高，只看到了鑲著金邊的學歷，卻忽視自己缺乏實際經驗的缺點。進入職場，聽不得半點批評，受不了任何委屈，更是沒有勇氣面對工作中的失誤。沒有得到期望的重視，一氣之下，辭職離去。就這樣，幾年折騰下來，同學或同齡人大多具有了獨當一面的工作能力，而他，空空的兩手，不是一個又一個公司的匆匆過客，就是人才市場臉熟的常客。

好高騖遠，這是許多初涉社會的人的通病。他們總自以為是地認為是金子總要發光，是良駒總會遇到慧眼的伯樂。平時，習慣性語言總是：

「我認為怎樣怎樣……」

「換作我會如何如何……」躊躇滿志卻傲睨自恃。「懷才不遇」的他，也只能把頻繁的跳槽當做家常便飯。雖然許多企業希望聘用一些具有豐富閱歷的人才，但是，蜻蜓點水式的「輝煌」經歷，任何一位主考官也不得不在他的簡歷上畫上一個大大的問號！我想，很少有哪個公司會欣賞一個以跳槽當常事的行家。即便他進入某家公司，也會給主管留有一個不良的印象。因此，他很難得到重用，經常地，他被安排在不受重視的部門跑腿打雜；經常地，他被排除在培訓人員名單之外。對於渴望能幹一番事業的人來說，不被重視，發展空間又小，自己的價值又無法表現，定會倍感失意。於是，只得又一次抱憾離開。

瞭解生物學的人都知道，毛蟲要想成為蝴蝶，首先要有破繭成蝶的勇氣，還要能忍受破繭掙扎時的痛苦，還必須要有依靠自己努力的堅韌與信心，也正是由於小小繭口痛苦的擠壓，才使得蝴蝶完備了翅翼的功能，只有這樣，牠才會振翅高飛。

蝴蝶的破繭過程也類似於明朝吳承恩先生的一句名言：「不受苦中苦，難為人上人。」這話雖然充滿封建主義色彩，但至少給了我們一個啟示：人，要想獲得成功，只有去接受艱難的磨煉，去承受起步時的痛苦，要憑藉自己的努力與持之以恆的信念，腳踏實地，任勞任怨，凡事以誠相對。同時，還要能承受他人無端的批評與指責，甚至代人受過。正是如此，他才會為自己累積寶貴的經驗，累積珍貴的財富，為自己的成功打下堅實的基礎。

也許，你沒有名校文憑，也不是熱門專業，不過，只要你有良好的心態，待人接物均表「誠」的態度，不要斤斤計較，更不要睚眥必報，就一定能贏得別人的稱讚，也能得到別人的幫助與尊重，一樣可以抓住機遇成功實現鯉魚跳出龍門的一躍。

後記

在不斷發展的經濟社會中，人們的價值取向和行為方式發生了很大的變化，怎樣做人的問題也更為突出。但是，不管歷史條件和社會環境如何變化，修心修人修自己，這永遠是為人之本與處世之道。老老實實做人，踏踏實實做事的原則是人生永遠恪守的真諦！

成功的機會送給踏實的人

踏實地做不代表錯失良機。你年輕聰明、壯志凌雲。你不想庸庸碌碌地了此一生，渴望聲名、財富和權力。

「窗前明月光，疑是地上霜。舉頭望明月，我叫郭德綱。」一首定場詩帶來了一位非著名相聲演員，這名非著名相聲演員的出現引起了相聲界的振興，相聲的振興產生了「保綱派」和「倒綱派」，不禁使人發問：真正的相聲是低俗的草根文學，還是高雅的諷刺藝術？

「傳統相聲」與「草根文學」就像「經典老歌」與「流行歌曲」一樣，前者擁有更高的藝術性，而後者擁有更廣泛的觀眾群。

「草根文學」也許是郭德綱相聲的最大特點。郭德剛對於下層人的生活有深刻的體驗和研究，所以他刻劃的小人物惟妙惟肖，形神兼備。這是郭德綱的獨特風格。他的相聲取悅的不是政要而是百姓，正如他所說的「百姓才是他的衣食父母」。郭先生另外一大特點就是不惜力，在台上為了觀眾非常賣力，不像某些大牌弄個破節目，還出工不出力唬弄觀眾，暗中安排人帶著鼓掌。

郭德綱的成名也並非「平地一聲雷，陡然而富」。他是八歲開始學評書，九歲相聲啟蒙，然後從曲藝團、文化館一路走來。京城漂泊十年，郭德綱和所有的「北漂」一樣經歷過艱難的闖蕩。他始終把自己放在小人物的狀態尋找快樂，他的包袱大多來自生活；他的成名恰恰是命運對他的艱苦奮鬥的一種回饋，他的相聲因了他的人生閱歷和文化功底而贏得觀眾的迷戀。他精通包括評書、大鼓、京劇、評劇、河北梆子等在內的各種曲藝表演形式，這足以見證了他在默默奮鬥的那些年裡所付出的努力。

郭德綱的相聲給我們帶來了快樂，更給我們帶來了一個啟示：踏實肯幹，腳踏實地，才是成功的關鍵。

你常常抱怨：那個著名的蘋果為什麼不是掉在你的頭上？那只藏著「老子珠」的巨貝怎麼就產在巴拉旺而不是在你常去游泳的海灣？拿破崙能碰上約瑟芬，而英俊高大的你總沒有人垂青？

但是，掉下一個蘋果的時候，你把它吃了。你閒逛時被碩大無比的卡裡南鑽石絆倒，可是你爬起後，卻可能怒氣沖天地將它一腳踢下陰溝，最後你像拿破崙一樣，先是被抓進監獄，撤掉將軍官職，被趕出軍隊，然後身無分文的你被拋到塞納河邊。就在約瑟芬駕著馬車匆匆趕向河邊時，遠遠地聽到「撲通」一聲，你投河自盡了。你缺少的僅僅是機會嗎？

有個叫艾倫的孩子，九歲時，在他祖父的農場裡有了他的第一份工作——赤手去撿牧場上的牛糞餅。一般的孩子都嫌這工作髒，不願做，艾倫卻做得好極了。由於他撿牛糞餅表現得出色，祖父給了他一份嚮往已久的工作——放牧馬匹，這件事深深地影響了小艾倫，使他堅信：手頭的工作無論多麼平凡，只要踏踏實實地做，就有機會。

長大後，他從每個星期賺一美元的肉鋪幫工做起，這份工作雖然又累又髒，但是，他又做得很出色，因為他一直沒有改變他的人生信條：踏實去做，就有機會。

果然，後來他成為每星期五十美元的美聯社記者。

再後來，他成為年薪一百多萬美元的首席執行官。

最後，他成為美國閱讀面最廣的報紙《今日美國》的總編輯。

後記

記得為機會開門，踏實的人不是被動的人。在通往成功的道路上，每一次機會都會輕輕地敲你的門。不要等待機會去為你開門，因為門閂在你自己這一面。機會也不會跑過來說「你好」，它只是告訴你「站起來，向前走」。要善於發現機會。很多的機會好像蒙塵的珍珠，讓人無法一眼看清它華麗珍貴的本質。踏實的人並不是一味等待的人，要學會為機會拭去障眼的灰塵，也要善於把握機會。

從錯誤中學習

踏實不等於單純的恭順忍讓。沒有一種機會可以讓你看到未來的成敗，人生的妙處也在於此。不透過拚搏得到的成功就像一開始就知道真正兇手的懸案電影般索然無味。

選擇一個機會，不可否認會有失敗的可能。將機會和自己的能力對比，合適的緊緊抓住，不合適的學會放棄。用明智的態度對待機會，也是用明智的態度對待人生。

每一次你都要鼓起勇氣從最低處堅持著走出來，沒有一次次的低谷，換不來更高處的清風撲面。「踏實」不是護身符，可以與錯誤困難絕緣。每個人都可以犯錯誤，但是要從錯誤中學習，而不是一味地摔跟頭。並非摔得越多，成長得越快。

一八七六年，一位二十來歲的年輕人隻身來到芝加哥，他一無學歷，二無特長，為了生存，只好幫商店賣起了肥皂。後來，他發現發酵粉利潤高，立即投入老本購進了一批發酵粉。結果他犯了一個天大的錯誤，當地做發酵粉生意的遠比賣肥皂的多，自己根本不是他們的競爭對手。

眼看著發酵粉若不及時處置，將會損失巨大，年輕人一咬牙，決定將錯就錯，索性將身邊僅有的兩大箱口香糖貢獻出來，凡來本店惠顧的客戶，每買一包發酵粉，都可獲贈兩包口香糖。很快，他手中的發酵粉處理一空。

後來，他覺得口香糖市場前景很好，自己辦起了口香糖廠，但在當時市場上的口香糖有十幾種，自己毫無優勢，一下子又陷入了困境。怎麼辦，又要面臨破產的危險。他靈機一動，想出了一個更為冒險的招數，搜集全美各地的電話簿，然後按照上面的地址，給每人寄去四塊口香糖和一份意見表。這些信和口香糖幾乎耗光了這個年輕人所有的家當，但與此同時，幾乎一夜之間，他的口香糖風靡全國，年銷售量九十億塊。

這位年輕人就是一錯再錯，錯中求勝的美國「箭牌」口香糖創始人威廉・瑞格理。

這個故事告訴我們，錯誤並不可怕，可怕的是犯錯誤的出發點不對，以及當錯誤來臨時的消極態度。瑞格理第一次犯錯如果不想出以口香糖為贈品的方法，第二次犯錯不想出免費品嚐的怪招，每一次都不會逃脫失敗的下場。所以，如果犯了錯誤，就要正確面對，並想方法處理，也會有意想不到的效果，甚至一步把你送上成功的巔峰。錯誤並不可怕，可怕的是我們對待錯誤的心境。錯誤使我們失敗，同樣也可能使我們成功。

英國詩人雪萊曾經說過：「春天雖然來得晚，但它一定會來！」獲得成功的主客觀因素很多，但是腳踏實地地工作卻是其中最主要的條件；只要不輕言放棄，勇敢改進犯過的錯誤，你終究可以為自己找到成功的道路。

迪克九歲的時候就已經開始工作了，他和父親一起趕著兩頭瞎了眼的騾子，在北卡羅來納州的各地販賣貨物。

年輕的迪克拉著騾子，徒步走著，嘴裡嚼著菸草。以他這樣的境況，有誰料得到，這個窮孩子會在幾年之後創立美國菸草公司，執全美菸草界的牛耳？

有一天，迪克遇見一個賣菸捲的老朋友，彼此寒暄了一番，說起自己的近況，那位朋友說：「我和太太兩個人，只開了兩家店就累得不行了，你居然開了兩千家店，那真是天大的錯誤啊，迪克。」

「錯誤？」迪克不以為然地回答，「是嗎？雖然我經常犯錯，但做錯了就把問題找出來，然後再加倍努力去做，只要不懈怠下來，我就能從中不斷地學習改進，得到更大的成就。」

迪克不怕犯錯、永不退縮的態度，以及他零售聯營的經營方式，使他每週都有一千萬美元的收入，最後更讓他有機會以一億美金創立了迪克大學。

迪克的成功之道，在於他不怕犯錯，也不怕失敗，更不會因為錯誤的經驗停頓下來。他勇敢面對錯誤，並更加努力地將錯誤挽回，所以才能贏得更大的成功。

人們難免會犯錯，當你犯錯的時候，是想盡辦法推卸責任，還是從錯誤中找到解決的方法？用正確的態度去面對，並找出犯錯的原因和問題所在，如此才能避免重蹈覆轍，讓每一個錯誤都成為你成功的開始。錯誤就好像病毒，能避免是最好的。病毒在讓你生病的同時，也會提高自身的免疫力。而且，醫學報告表明，那些發生病變的器官比正常的器官更顯強壯。這也正像犯錯誤。能夠避免犯錯誤的人是聰明人，能夠避免類似錯誤的人也是聰明人。

後記

你看見過倒地的大象嗎？大象幾乎是以站立、行走或者奔跑的姿態示人。但是牠也會生病。這種時候，大象也要保持站立的姿態。為什麼？大象的巨大體重決定了這一切。一旦牠倒下來，巨大的內臟會互相擠壓，再加上本身的重量，將會使自身受到更大的傷害。所以，除非到了生命的終結，大象是不會倒下的。請你也堅持正視錯誤，或許一秒鐘之後，就會柳暗花明。

創新可以創造奇蹟，但很多人並不相信這一理念。創新就是把沒有變成有，把不可能變成可能。創新是一種心態。只要在現實中持續追求不斷進步，創新就是永無止境的動態能量。創新的終極價值觀是沒有最好，只有更好。

6 Chapter

創新是成功的靈魂

突破思維的定式

人的思維受阻，往往是太遵守常規和邏輯，總是太墨守成規，害怕觸犯規則，不敢越雷池一步，把自己的觀念與思維囚禁在舊模式的框架中。

有這樣一個小故事：

有一天，一個美國人的兒子從幼稚園回來，鄭重其事地拿出水果刀和一顆蘋果，說：「您知道蘋果裡藏著什麼嗎？」做父親的不以為意：「除了果核還能有什麼？」兒子就把蘋果橫切成兩半，興奮地說：「看哪，裡面有一顆星星。」果然，蘋果切面顯示出一個清晰的「五角星」圖案。這位美國人沉默了，他已吃過多少蘋果，卻從未發現蘋果裡還有「星星」這樣一個祕密。

這個故事可以讓我們領悟到一個道理：只有敢於突破思維定式，才會有質的飛躍和創造性的發現。突破思維定式，我們才可以取得成功，才會有創新的思維，在工作、學習和生活中我們才能夠得到巨大的利益，才能夠不斷地走向成功。

突破思維定式，勇於出奇制勝，必將有助於開創事業，從而取得巨大的經濟效益。據載，足球鞋早在一八九五年就製造出來了，當時每雙重五百八十五克。直到二十世紀五〇年代愛迪達公司對此作了專門研究，發現鞋重與運動員體力消耗關係成正比，從而限制了足球業的突破。而鞋重減不下來主要是因為始終保留了金屬鞋頭。於是他們大膽摒棄金屬鞋頭，設計出重量僅為原來一半的足球鞋。新產品一投放市場，就深受青睞，供不應求。那麼愛迪達成功的原因是什麼呢？就是因為它突破了人們頭腦中無形的思維框架：鞋重無足輕重。打破了習慣性思維的束縛，也就領先一步，創造性地解決了問題，迅速佔領了市場。這對於今天我們企業求創新、求發展是很好的借鑑。

突破思維定式，善於獨闢蹊徑，同樣會在學習中提高效率，取得事半功倍的效果。比如，一加到一百，怎麼算？老老實實「一加二加三……加一百」的演算，當然也能得出結果，但有沒有簡便方法呢？只要動一下腦筋就不難發現其中有五十個一百零一，這樣很快就準確地算出答案是五千零五十了。所以，我們解題時可以試用一些新的方法，它可能更簡便，更合理。在觀察問題時，不妨問一下自己：為什麼是這樣的？原來就是這樣的嗎？將來又會怎樣？讀書時也不一定完全順著作者的思路走，可以想一下：有沒有相反的情況呢？有沒有作者未說明白的道理？這樣不斷獨立思考，逐步培養創造慾、探索慾，就能體會到創造的歡樂，提高學習的實效。

由於傳統力量和思維定式的作用，不少人容易對生活的各種現象習以為常，從而不會去打破那些思維的定式。而我們只有時時刻刻樹立問題意識，這樣才能不斷有所發現，從而找到創新的入口，得到巨大的收穫，相信這些會比發現蘋果中的「星星」有價值得多。

在思考問題的過程中，毋庸置疑，人們的觀念、思維和認識往往會受到原有知識、經驗的影響。這些已知的東西，有時會使解決常規問題方便、快捷、準確、有效，但在面臨新問題、新矛盾時，原有的知識和經驗有時卻派不上用場，而當人們一直陷於那種思維中時，那些原有的知識和經驗，反而會成為創新的羈絆和阻力，以致於使我們陷入思維誤區，陷入思維定式中，對新問題、新矛盾一籌莫展。

而人的思維受阻，往往是太遵守常規和邏輯，總是太墨守成規，害怕觸犯規則，不敢越雷池一步，把自己的觀念與思維囚禁在舊模式的框架中。正如法國生

理學家貝爾納所說：「構成我們學習的最大障礙是已知的東西，而不是未知的東西。」如果哥白尼執著於托勒梅的「地心說」就不會有「日心說」的產生；如果伽利略迷信亞里士多德的「落體理論」，就不會有伽利略「落體學說」的誕生；如果愛因斯坦把自己框定在牛頓的經典力學框架中，就不會有「相對論」的問世。

因此，當我們陷於已有知識的束縛中時，如果我們能夠跳出框外，擺脫傳統習俗和經驗規則的約束，進行另一番思考，就會有一片更燦爛的天空，如同鳥兒飛離了鳥籠，飛船掙脫了引力……此時我們就可以突破思維定式，縱橫聯想，發散思維，進行創新，那麼我們就能無所而不至。

司馬光打破常規，用砸缸的方式成功地救出落水玩伴；哥倫布磕破蛋殼成功地把雞蛋豎在桌子上；美國小女孩橫切蘋果「意外」地發現神奇而美麗的五星圖案；香港一青年用刀劈開高爾丁死結頓然成為百萬富翁；袁隆平不迷信科學界所謂雜交水稻是天方夜譚的定論，堅持進行水稻雜交試驗，最終研製出水稻的雜交品種，讓占世界人口四分之一的中國人填飽了肚子，他也由此成為「雜交水稻之父」……

所有的這些例子都說明了，只要我們敢於去打破常規，另闢思維的新徑，我們必然可以解決所遇到的所有問題，同時也可以讓我們不斷地去獲得進步，不斷地充實自己，不斷地對自己的腦子進行清洗，裝進許多新的東西，只有這樣，我們才可以不斷地朝成功邁去。

後記

所謂的創新就是要學會放棄，突破常規，跳出框外去求新、求異、求變，放棄已知的東西，把心智的杯子空出來，好裝進新的東西，用全新的觀點新的角度去看待事物，那就是你自己獨有的，與眾不同的。

創新需要一點勇氣

當今社會，正經歷著知識爆炸的劇變，人人都看到了創新的重要，卻並不是人人都有創新的舉動。究其根本，並不是人人都有創新的勇氣。

在大多數人眼裡，一提到創新，就想到比爾·蓋茲，創新就等於豪宅，就等於鈔票，但有誰意識到比爾·蓋茲在創新時面臨的危機和挑戰，誰又能領會到創新需要的巨大勇氣。

要創新，就必須忍受別人的白眼。中國有句俗話「棒打出頭鳥」，在大多數人習慣了跟在人後唯唯諾諾時，創新意味著「危險」。

歷史上哪一個因創新而聞名的人沒有遭受過流言飛語，沒有陷入過眾口鑠金的窘迫境地：想當初，袁隆平在致力於研究高產的雜交水稻時，不也經常受到騷擾，甚至不時地被迫停止實驗嗎？但是袁隆平乃至其他因創新而聞名的人卻最終成功了，因為他們有足夠的勇氣去面對他人的唾沫和白眼，這是一種堅信真理掌握在自己手中的勇氣！

由此聯想到英國著名病理學教授貝弗裡奇在《科學研究的藝術》一書中所說的，要想在科學研究中獲得成果，不僅需要掌握豐富的知識和科學的研究方法，還必須具有「大無畏」的科學勇氣，而我們在工作中也應該如此。

你是否保持著突破式創新的夢想和顛覆自己的勇氣？我們不否認，在選擇突破式創新和漸進式創新的時候，人們更容易傾向於在自身資源、能力還比較匱乏的時候，選擇漸進式、改良性的創新。踩在別人的肩膀上，減少創新中的風險，是一條荊棘更少、更立竿見影的道路。

在一次體育課上，體育老師正在考核一群小學生有誰能躍過一米五的橫桿。幾乎所有的學生都沒有成功。輪到一名十一歲的小男孩時，他猶豫半天，一直在冥思苦想如何才能跳過一米五。但時間不允許了，老師再一次催促他立即行動。

情急之中，他跑向橫桿，突發奇想，竟在到達橫桿前的一剎那倒轉過身體，面對老師，背對橫桿，騰空一躍，鬼使神差般跳過一米五的高度。他狼狽地跌落在沙坑中，有些垂頭喪氣地低頭等待批評。旁觀的同學們都在嘲笑他的跌倒。

體育老師若有所思，微笑著扶他起來，並表揚他有創新的精神，鼓勵他繼續練習他的「背越式」跳高，並幫助他進一步完善其中的一些技術問題。而這位小學生不負眾望，後來他在一九六八年的墨西哥奧運會上，採用「背越式」的奇特跳高姿勢，征服了兩米二四的高度，刷新了當時奧運會的跳高紀錄，一舉奪取了奧運會跳高金牌，成為蜚聲全球、赫赫有名的體壇超級明星。

他就是美國跳高運動員理查德·福斯伯。在生活中有許多成功的機會等待我們去把握和創造，有些時候也許僅僅需要我們一點點創新的勇氣。當我們左衝右突不得突圍之時，為什麼不試試另外的途徑呢？當你向前邊尋找機會沒有成功的時候，說不定成功就在你的身後。

然而，這樣將永遠是「跟風者」而非「首創者」，而兩者在工作中的成就永遠不可同日而語。要做一個追趕者進而做一個超越者，還要有背水一戰的決心。

後記

創新，是荊棘叢中的一束花，要想採擷它的芳香，就需不畏利刺的威脅；創新，是天涯海角的一捧清泉，要想品嚐它的甘醇，就需不畏風餐露宿的勞苦；創新，是險峻高山上的無限風光，攀登創新的險峰，需要跋山涉水的勇氣。創新是一株幼苗，勇氣是它的陽光雨露，是它的空氣養料，唯有勇氣才能澆灌出一株創新的參天大樹。

做一個思想的偏執狂

很多人都善於說得頭頭是道，但身體力行者卻寥寥無幾。

一本叫《只有偏執狂才能成功》的書風靡整個世界，讓我們更深一步地瞭解了Intel公司創始人安德魯·格羅夫及該公司的企業文化。

在Intel公司有一個非常流行的魚缸理論：當你把魚放在一個方形的容器裡，因為有死角，魚就會待在角落裡呆滯不動。但當你把魚放在一個圓形的容器裡的時候，魚會感到壓力，就會不停地游動，直到筋疲力盡。這個理論正是「只有偏執狂才能成功！」名言的真實寫照。

這正是格魯夫，多次帶領著Intel走出困境，創造了每年給投資者平均百分之四十四以上的報酬率。他重新定義了Intel，使之從製造商轉變為業界領袖。

格魯夫的巨大成就離不開他追求成功的偏執個性，更可貴的是他對待工作的嚴謹求實的作風。他認為很多人都善於說得頭頭是道，但身體力行者卻寥寥無幾，很多人總是自以為是地把新問題當做老問題來解決，不調查，不瞭解，忽視了問題的變化。因此，他總是不厭其煩地要求企業內各部門經理不要怕瑣碎和麻煩，要對外界的情況變化「瞭解再瞭解」。他給人留下的印象始終是非常的執著，越是困難的問題，他越是努力尋找答案。

格魯夫的偏執，並不是一種怪誕的行為，更不是心理變態。他只是想告訴世界，但凡追求成功的人，都必須要具有兩個必備的特質，那就是對正確理念的不懈堅持，對完美的不斷追求。這需要極大的勇氣，需要執行者堅持地執著。格魯夫用自己親身的經歷來告訴我們，只要去做到他所說的偏執，我們就必然可以如他一樣成功。而一個人一旦成為了思想上的偏執者，一旦對正確理念堅持不懈，執著地去尋求問題的答案的話，他就必然可以有自己獨特的想法，對社會而言必然會有所創新，但對他個人而言則必然會成功。

有一個雕刻家，自從愛上這一行後，從來沒有好好睡過一次覺。

每當有作品需要創作的時候，他的一日三餐僅是幾片麵包。清晨他從麵包鋪裡買來麵包，吃一個當早餐，剩下的就放在懷裡。他爬到高高的梯子上工作，餓了便啃麵包充飢。

他本來並不是一個孤僻的人，但隨著從事雕刻工作的時間越長，他越來越無法跟人溝通。在創作的時候，只要有一個人在場，就能完全擾亂他的情緒。他必須要有一種與世隔絕之感，方能得心應手地工作。

他最大的痛苦不是創作不出滿意的作品，而是需要為生活瑣事忙碌。

他以前並不是一個追求完美的人，但到後來，他無法容忍自己的作品出現微瑕。一旦他在一件雕像中發現有錯，就會放棄整個作品，轉而另雕一塊石頭。

所以，他留給這個世界的作品很少。

他的名字叫米開朗基羅，一位天才的雕刻藝術家。

幾百年前一個下著雪的早晨，名聲威震歐洲的米開朗基羅很早就出門了。他在鬥獸場附近碰見了城裡教堂中的主教。主教驚訝地問他：「在這樣的鬼天氣裡，這樣的高齡，你還出門上哪裡去？」

「上學院去。想再努一把力，學點東西。」他回答。

幾百年後的今天，我們可以想像，在那一天，他所在學院的學生們還在有火爐的房間酣睡，而一位風燭殘年的老人，卻「吱呀」一聲打開了結冰的工作室門。

人們常在問：「成功是什麼?成功有無止境？」也許從米開朗基羅的故事中

我們可以知道：成功有時是一種偏執狀態的果實。引用馬克・吐溫的話：偏執者與神離得最近。對於我們而言，做什麼事情如果都能達到癡迷忘我的程度，達到偏執狂的地步，那我們必然會有創新的思維，離成功也就不會太遠了。

大凡世界上的偉人們，在當時無不被人視為偏執狂，無不被人另眼相看，但他們卻同樣都是憑著自己的執著及決心，最終達到了自己的目標，取得了自己的成功。我想大家都知道林肯。在一本書上記載了關於他的故事，大致內容如下：

他是一位相貌醜陋，有著蹩腳南方口音的美國人，有過短暫的婚姻，最後又死於非命。他的一生充滿了坎坷和不幸，他只有過一次成功，但是這一次的成功讓他幫助了好多人。

他的經歷是這樣的：

二十一歲做生意失敗；

二十二歲角逐州議員失敗；

二十四歲做生意再度失敗；

二十六歲愛侶去世；

二十七歲一度精神崩潰；

三十四歲角逐聯邦眾議員落選；

三十六歲角逐聯邦眾議員再度落選；

四十五歲角逐聯邦參議員落選；

四十七歲提名副總統落選；

四十九歲角逐聯邦參議員再度落選；

五十二歲當選美國第十六任總統。

現在想想，也許正是因為他經歷了如此多的挫折之後，仍然能夠堅持下來，並且最終成為美國史上少有的受人尊敬的總統，為大家做了很多好事，所以他才會家喻戶曉吧。

同樣有許多人說過這樣的話：「為了成功，我曾試了不下上千次，可就是不見成效。」這句話是真的嗎？值得我們去相信嗎？如果真的要選擇的話，我想說的是他們並沒有試過上百次，甚至於有沒有十次都頗令人懷疑。或許有些人曾試過八次、九次，乃至於十次，但因為不見成效，結果就放棄了再試的念頭。

正如格魯夫所說「我篤信只有偏執狂才能生存」這句格言，而他的這句話不光適用於他的企業管理，同樣適用於生活和人生。

後記

偏執造成了不平衡。人類的發展過程總是在一個平衡被打破後形成一個新平衡的過程中完成，如果這種過程完成的次數越多，人的成長也就越快，而一個偏執的人就難以在某個平衡狀態中保持下去，因而他在連續不斷地打破舊平衡，形成新平衡，又打破舊平衡，又形成新平衡……如此不斷去進步，不斷去創新，從而不斷地走向成功。

有「大材小用」的想法就錯了

即便你真的遭遇了不公平的事情，自怨自艾也絕對不是解決問題的辦法。

李晶從一所知名大學研究所畢業後進了一家公司，與她同時進來的同事要麼學歷沒她高，要麼學校沒她好，為此她覺得很有優越感。

當主管分配她做最基礎的工作時，她立即覺得自己被大材小用了。一次，在結算時，她把一筆投資存款的利息重複計算了兩次，雖然最終沒有給公司造成實際損失，但整個公司的財務計劃卻被打亂了。

事後，她卻覺得就像做錯了一道數學題，改正過來，下次注意就是了。

她的這種態度讓主管很不放心，以後再有什麼重要的工作，總找藉口把她「晾」在一邊，不再讓她參與了。沒過多久，這位碩士畢業的高才生就與自己的第一份工作拜拜了。應當說，她不是敗給了別人，而是敗給了自己。

究竟是因為你牢騷滿腹而不得陞遷，還是因不得陞遷而牢騷滿腹，就像是雞生蛋還是蛋生雞這個問題一樣，誰也說不清。但有一點是肯定的，那就是二者絕對是相互影響的，只會形成惡性循環。不要總是認為自己懷才不遇或者是大材小用。首先你要認清自己的才能到底怎樣，然後再給自己合適的定位。

你一定聽過井底之蛙的故事，但你聽過下面的故事嗎？

井裡的青蛙嚮往大海，請大鱉帶牠去看海，大鱉欣然同意。青蛙見到一望無際的大海，驚歎不已，急不可待地撲進大海之中，卻被一個巨浪打回海灘，摔得暈頭轉向。大鱉見狀，就讓青蛙趴在自己的背上，背著牠游。青蛙逐漸適應了海水，也能自己游一會兒了。

過了一陣子，青蛙有些渴了，但牠喝不了又苦又鹹的海水；牠又有些餓了，卻怎麼也找不到一隻可以吃的蟲子。青蛙對大鱉說：「大海的確很好，但以我的身體條件，不能適應海裡的生活。看來，我還是要回到我的井裡，那兒才是我的樂土。」

這則寓言告訴你，不要做超越自己能力的事情，某些工作你未必能夠勝任。

有一棵草氣急敗壞地質問鋤地的農夫：「瞧瞧你都幹了些什麼！你瞭解我的價值嗎？我給人類帶來了清新的空氣，給大地帶來了生命的綠意，我保護著堤壩不被雨水沖刷，我讓世界充滿了生機……在千里沙漠，在茫茫戈壁，人們會因為有我的蹤跡而歡呼雀躍，而現在，你竟然愚蠢得要除去我！」

但農夫聽不懂草的語言，他揮汗如雨，一邊疲憊地揮舞著鋤頭，一邊嘟嘟囔囔地抱怨著：「這些草，什麼地方不好長，偏偏長在我的麥田裡！」

這個故事正好與上面的故事相反。

草，如果長在高山、堤壩保護水土流失，或許會被人稱讚；如果它長在城市花園美化環境，自然得到人們的關照。然而，長在農夫的麥田裡，其命運肯定是被除掉。草之所以抱不平，只不過是自己與自己過不去罷了，沒有誰會把它看得那麼重要。

如果是草，就不要長在別人的麥田裡；如果是井底之蛙，就只能回到井底。

如果自己的才能本來就有限，就不要抱怨自己現在的位置太低。給你一個太高的位置只會讓你摔得更慘。這時候需要做的不是抱怨自己大材小用，而是應該讓自己成為「大材」。

如果你的能力確實出眾，那麼你放心，金子在哪裡都會發光的。過不了多久，你肯定會得到別人的賞識。聰明人，可以超然面對一切公平不公平。生活需要的信心、勇氣和信仰，他們都具備。他們在自己獲益的同時，又感染著別人。豁達、堅韌，讓他們覺得困難從來不是生活的障礙，而是勇氣的陪襯，他們遲早會成功。

有一位留學美國的電腦博士，畢業後在美國找工作，接連碰壁，許多家公司都將這位博士拒之門外。這樣高的學歷，這樣吃香的專業，為什麼找不到一份工作呢？

萬般無奈之下，這位博士決定換一種方法試試。他收起了所有的學位證明，以一種最低的身份再去求職。不久他就被一家電腦公司錄用，做了一名基層的輸入員。這是一份稍有學歷的人就都不願去幹的工作，而這位博士卻做得兢兢業業，一絲不苟。

沒過多久，上司就發現了他的出眾才華：他居然能看出程序中的錯誤，這絕非一般輸入人員所能比的。這時他亮出了自己的學士證書，老闆於是給他調換了另一個與本科畢業生對口的工作。過了一段時間，老闆發現他在新的崗位上游刃有餘，還能提出不少有價值的建議，這比一般的大學生高明，這時他才亮出自己的碩士身份，老闆又提升了他。

有了前兩次的經驗，老闆也比較注意觀察他，發現他還是比碩士有水平，其專業知識的廣度與深度都非常人可比，就再次找他談話。這時他才拿出博士學位證明，並敘述了自己這樣做的原因。此時老闆才恍然大悟，於是就毫不猶豫地重用了他，因為對他的學識、能力及敬業精神早已全面瞭解了。

這個博士是聰明的，碰了幾次釘子後，他放下身份與架子，甚至讓別人看低自己，然後在實際工作中一次次地展現自己的才華，讓別人一次一次地對自己刮目相看，他的形象就逐漸高大起來。

如果這位博士有「大材小用」的想法，那麼他的才華很可能就真的沒有地方可以施展。

在不順心的境地裡，如果總是感歎自己「懷才不遇」、「大材小用」、「明珠暗投」，那麼抱怨會讓你的生活更加糟糕，你會看不到生活中美好的東西。這樣只會消磨你的志氣，是你成功進取的致命傷。

後記

靠你的實力證明自己吧，沒有人可以阻止你努力。當你的成就有目共睹的時候，就沒有什麼能夠阻擋你前進的腳步了。

記得，千萬不要讓你目前暫時的時運不濟變成一生的命運多舛。

懂得駕馭自己的優缺點

一個人優缺點的本質很難加以改變，機遇也不是人能夠完全把握的，但一個理性、冷靜的人應該可以做到駕馭自己的優缺點，而不讓優缺點主宰自己！

一位農夫有兩個水桶，他每天就用一根扁擔挑著兩個水桶去河邊汲水。

兩個水桶中有一個有一道裂縫，因此每次到家時這個水桶總是會漏得只剩下半桶水，而另一個桶卻總是滿滿的。就這樣，兩年以來，日復一日，農夫天天只能從河裡擔回家一桶半水。

完整無缺的桶很為自己的完美無缺得意非凡，而有裂縫的桶自然為自己的缺陷和不能勝任工作而羞愧。經過兩年的失敗之後，一天在河邊，有裂縫的桶終於鼓起勇氣向主人開了口：「我覺得很慚愧，因為我這邊有裂縫，一路上漏水，只能擔半桶水到家。」

農夫回答它說：「你注意到了嗎？在你那一側的路沿上開滿了花，而另外的一側卻沒有花?我從一開始就知道你有漏，於是在你的那一側的路沿撒了花籽。我們每天擔水回家的路上，你就給它們澆水。兩年了，我經常從這路邊採摘鮮花來裝扮我的餐桌。如果不是因為你的所謂的缺陷，我怎麼會有美麗的鮮花裝扮我的家呢？」

每個人都是一個獨立的自我，每個人都有自己的優點和缺點，世上絕對沒有十全十美之人，但一個人如果能瞭解自己的優點和缺點，以及這些優點和缺點在不同時空對你所具有的意義，那就差不多接近十全十美了。

人的優缺點有些是與生俱來、無法改變的，有些則是因後天環境誘發、影響所致；有的則與性格無關，純粹是一種外在條件，例如美與醜。

無論你願不願意，你的優缺點都將始終伴隨著你，甚至跟隨你一輩子，影響並決定著別人對你的態度，成為你在現實生活中求得生存的助力或阻力。

按理來講，一個人的優點對其求生應該起到一種幫助作用，缺點則應成為一種阻力。因此，優點越多的人，成功的可能性越大，缺點越多的人，則越不易成功！可是事實又不盡如此，現實生活中，我們不難發現一些優秀之輩抑鬱潦倒，而也有不少平庸之輩表現不凡。

狐狸是很聰明的動物，由於牠沒有力氣，個子矮小，因此處境不利。在森林中，狐狸得不到尊敬，沒人真正把牠放在眼裡。為了克服這一點，對於狐狸來說，其中的一個辦法就是說服老虎與牠做朋友。透過與力大無比、令人敬畏的老虎密切交往，狐狸可以伴隨老虎左右在叢林中四處行走，而且享受給予老虎的同樣的提心吊膽的尊敬。即使老虎不在狐狸身邊，得知狐狸與老虎交往甚密，也足以保證狐狸在森林中得以生存。

那麼我們應該如何駕馭自己的優缺點呢?這裡有兩點建議：

一是根據不同環境，靈活運用自己的優缺點。儘量以自己的優點來應對客觀環境，當環境發生轉變，並且直逼你的缺點時，你也不必逃避，應首先思考一下二者之間的關係，因為有時候你的缺點反而在這個時候成為優點，如果沒有這個可能，就要考慮迴避了。

二是以優補缺、以缺護缺。前者是在無法迴避時的補救措施，避免一直處於挨打的地位；後者則是為了模糊你自己，避免成為被攻擊的目標，並且降低別人對你的戒心，因為你讓他們看到了你的缺點！

以上兩點看起來似乎很容易，不過要真正做到卻是很困難的。但你總要試著去做，因為生存是一個很現實的問題！

後記

我們之所以強調「駕馭」二字，是因為人的優缺點在不同的時空會產生變異，改變一種時空，優點可能不再稱其為優點，而缺點反而變成優點了！因此人要充分瞭解自己的優缺點，尤其重要的是，要瞭解這些優缺點的價值及存在條件，有了這些瞭解，還要誠實地去面對它們，不可有一廂情願和逃避現實的想法，然後才能自由地「駕馭」這些優缺點。

請不要「固執己見」

人在一生中沒有犯過錯誤、沒有過錯誤的觀點或立場是不可能的，就像一個人一輩子從來沒有正確過一樣，這都是絕對不可能的。

人總是在不斷地從犯錯誤到糾正錯誤再到犯錯誤，然後再糾正錯誤，重複不斷，循環往復。只有這樣，人才能不斷地從錯誤中總結經驗，得到發展，從而逐步完善，成為一個比較完美的人。

人犯錯誤並不可怕，這次錯了，吸取教訓，可以防止下次再犯錯。「吃一塹，長一智」，這句俗語講得很好。但是，如果一個人犯了錯誤或堅持某種錯誤觀點而執迷不悟，頑固地不接受他人的意見或勸說，而是我行我素。這種做法講得文雅一點是剛愎自用，講得通俗一些就是頑固不化，喜歡鑽「牛角尖」。

人生在世，要做的事情很多，要接觸的新事物也非常多。然而這麼多的事情不可能每一件都做得非常好，或者說不可能什麼事情、什麼知識都懂，不懂就難免會犯錯誤。這時，就需要有人來指點我們或者給我們提供好的建議。知心朋友的建議更值得參考。

在古代，不管是哪朝哪代，凡是賢明的君主身邊必定會有幾個或幾十個忠誠的大臣或謀士，專門為君王提供建議。成就霸業的君王在建國初期，沒有剛愎自用的，否則他也不會霸業有成。不光是君主，但凡有所作為的人，都非常善於接受他人的意見。

我國古代的人們曾把門下的食客多少作為一個衡量其賢德高下的標尺，這絕非是攀比富貴，而是一個集賢納策的好方法。戰國時期的四大君子：平原君、信陵君、春申君、孟嘗君，都曾為自己的君王提供高妙的建議，為君王的治國安邦做出了卓越的貢獻。可以說，劉備如果沒有諸葛亮在身邊出謀劃策，不要說是三國鼎立，就連是否能立得住腳都很難說。

當然，在歷史上也出現過由於固執、剛愎自用而失敗之人。三國時期蜀國的馬謖，由於一味頑固「自信」，不接受諸葛亮的建議，而導致了「失街亭」。馬謖的失敗，給蜀國帶來了致命的打擊。雖然事後馬謖自己也追悔莫及，諸葛亮揮淚斬馬謖，可是這又有什麼用呢？世上賣什麼藥的都有，就是沒有賣後悔藥的。

亡羊補牢的做法，意義是不大的。

中國歷史經歷了那麼多朝代，而歷朝歷代的滅亡都與君主統治的腐敗有著直接的關係。其中，君主的武斷、專制、剛愎自用、不聽忠言是導致腐敗的一個重要原因。

秦始皇統一六國時，國勢曾是那麼強大，疆土是那麼遼闊。但是由於秦二世武斷、暴虐的統治，出現了秦末的陳勝、吳廣起義。秦開始衰落，最終被漢所代替。如果秦二世不那麼殘暴，多接受些忠告，是否能使秦的壽命更長一些呢？

所以說，剛愎自用者的頑固是一個致命的弱點。不肯接受他人的意見，對於朋友的規勸或忠告置若罔聞，不僅會使自己頭破血流，還會傷害朋友之心。

因為只有真正的朋友才會指出你的錯誤，提出中肯的建議，提供建議本身就意味著坦誠和信任。如若把良藥當做爛草，把忠言當做耳邊風，怎能不使朋友傷心呢？

傷心和失望會使你的朋友離你而去。沒有武松的本事，卻還要「明知山有虎，偏向虎山行」，這種做法，不是勇猛，而是愚蠢。明知自己打不過「老虎」，卻還要去拿生命做賭注，不是愚蠢是什麼呢？

沒有人會同情一個由於固執己見而失敗的人，相反，除了朋友在傷心之餘的痛惜外，還會招來對手的嘲笑和幸災樂禍。所以，這種令親者痛仇者快的事是萬萬做不得的。

因此，要善於接受別人的意見，特別是朋友的忠告更應該虛心聽取，「良藥苦口利於病，忠言逆耳利於行」嘛！奉承的語言我們可以不去理會，但誠懇的忠告卻一定要用心去聽，特別是在自己有了錯誤的時候。頭撞南牆的滋味並不好受，幹嘛非得要等到頭破血流才罷休呢？

不管是普通人還是偉人，不管你是個小職員還是個領導者，都應該養成善於接受他人意見的習慣。但是，這種善於接受意見絕不是無主見地接受，把別人的話當做救命的稻草。就人來說，我們要慎聽幼稚輕率者的獻策；就事來講，要慎聽那種過激的言論。對於別人的意見，要經過自己的深思熟慮之後才能接受。

還要注意的就是不要聽信傳言。偏聽偏信往往會使你由這個錯誤走向那個錯誤。「兼聽則明，偏聽則暗」，要有比較、有選擇。

後記

固執己見者由於過於「迷信」自己，一味地執迷不悟，有時就難免言行過激，有極端化傾向。他們頑固地「自信」，對其他人的話充耳不聞，但又生怕自己不被人重視，得不到他人的承認。於是，在頑固的「自信力」的支持下，義無反顧地沿著錯誤道路走下去，過激言行不但沒有扭轉錯誤方向，反而加快了失敗的到來。

老百姓有句俗話：「聽人勸，吃飽飯。」剛愎自用、鑽牛角尖，只會使前面的路越來越窄，越走越走不通，它不是成功之路，而是失敗之途。

不擺架子耍資格

虛懷若谷，真誠待人，你自然也會得到別人的尊重和喜歡。

小解是一個業務員，他的銷售技能和業務關係都非常好，因此他的業績在全公司裡是最好的。但是取得成績以後，他就開始對別人指使來指使去，尤其是對那些客戶服務人員。

本來這些客戶服務人員非常支持小解的工作，只要是他的客戶打來的電話，客服就會馬上進行售後服務的。但是小解動輒就會說「是我給你們的飯碗，沒有我你們都要餓死」這樣的話，要不就是說這些客服人員服務不好，他的客戶向他投訴等。客服人員對他說的話置之不理，但是卻透過行動來與他對抗。

後來，凡是小解的客戶打來的電話，客戶服務人員都一拖再拖。最後，這些客戶打電話給小解，並把怒火發到他的身上。由於後繼服務不好，小解的續單率非常低，原來的客戶也都讓其他業務員搶走了。

也許你確實很優秀，但是並不代表沒你不行。也許你的貢獻確實比團隊其他成員大，但是你的成功也不能離開團隊別的成員對你的配合。如果沒有強大的團隊作為支撐，你一個人不太可能把工作做得那麼好。所以，千萬不要認為這個事情沒有了你就一定不會成功，否則你就會有一種驕矜之氣。沒有了其他同事與你的大力配合，恐怕你這個孤家寡人離失敗也就不遠了。

莊子的《讓王篇》中有一個故事，翻譯過來大概是這樣的：

楚國的一個屠夫叫屠羊說，他曾跟著遇難的楚昭王逃亡。在流浪途中，昭王的衣食住行，都是他幫忙解決的。後來楚昭王復國，昭王派大臣去問屠羊說希望做什麼官。屠羊說答覆道：「楚王失去了他的故國，我也跟著失去了賣羊肉的攤位，現在楚王恢復了國土，我也恢復了我的羊肉攤，生意依舊很好，還要什麼賞賜呢？」

昭王過意不去，再下命令，一定要屠羊說領賞。於是屠羊說更進一步說，這次楚國失敗，不是我的過錯，所以我沒有請罪殺了我。現在復國了，也不是我的功勞，所以也不能領賞。我的文武知識和本領都不行，只是因為逃難時偶然跟國王在一起，如果國王因為這件事要召見我，是一件違背政體的事，我不願意天下人來譏笑楚國沒有法制。

楚昭王聽了這番理論，更覺得這個羊肉攤老闆非等閒之輩，於是派了一個更大的官去請屠羊說來，並表示要任命他為三公。可是他仍不吃那一套，打死也不肯來，並說：「我很清楚，官做到三公已是到頂了，比我整天守著羊肉攤不知要高貴多少倍；那優厚的俸祿，比我靠殺幾頭羊賺點小錢，也不知要豐厚多少倍。這是君王對我這無功之人的厚愛。我怎麼可以因為自己貪圖高官厚祿，使我的君主得一個濫行獎賞的惡名呢？因此，我絕對不能接受三公職位，我還是擺我的羊肉攤更心安理得。」

故事中的屠羊說確實絕非等閒之輩，能擁有如此的見識，保持一顆難得的平常心實在不易。居功不自傲，依然平常心，這是你需要向他學習的。

福特曾說：「一個人如果自以為有了許多成就就止步不前，那麼他的失敗就在眼前了。許多人一開始就奮鬥得十分起勁，但前途稍露光明後，便自鳴得意起來，於是失敗立刻接踵而來。」

牛頓臨終的時候，來探望他的親朋好友在病榻邊說：「你是我們這個時代的偉人……」他聽了「偉人」二字便搖搖頭說：「不要那麼說，我不知道世人是怎樣看我的，我自己只覺得好像是一個在海濱玩耍的孩子，偶爾拾到了幾隻光亮的貝殼。但真理的汪洋大海在我眼前還未被認識，未被發現哩。」停頓片刻，他又說：「如果說我比笛卡兒看得遠些，那是因為我站在巨人們的肩膀上的緣故。」

說完這段話，他平靜地閉上了眼睛。

後記

滿招損，謙得益，才華出眾而又喜歡自我誇耀的人，必然會招致他人的反感，暗中吃大虧而不自知。有功勞的時候，克制自己的狂妄、自滿之心，才不會招致災難。恃才傲物，視他人如同酒囊飯袋一般，用語言去嘲諷、羞辱別人，這只能證明你自己的人格不夠完善。謾罵、嘲諷、羞辱是一把雙刃劍，在謾罵別人的同時，實際上也是在貶低自己的人格。

若有了一點功勞就洋洋自得，對別人指手畫腳，只會讓你失去所有人的心和你自己的前途。

要做就做最好

做就要做好！如果所有的員工都有這種觀念，世界上任何一家公司都不會出現問題。

相信你在公司裡，來自各方面的競爭非常激烈，你的所作所為大家有目共睹。怎樣才能穩操勝券，讓你的職位無人可以替代？怎樣給同事和上司留下一個好的印象？

答案只有一個：做就要做好！要做到這一點，必須注意許多細節：少說話，多做事！工作時間不要和其他的同事喋喋不休。在辦公室裡喋喋不休，上司會覺得你在偷懶，另一方面，言談間不要涉及別人的私事。這樣的閒人是公司在裁員時會考慮的第一人選。

不要以為當上司不在的時候，自己就可以放心地偷懶。當你在偷懶的時候，手頭上的工作自然就會停下來，到最後的結果就是，本應該完成的工作被拖延，或者因為趕工而使工作成績大打折扣。一個精明的上司很有可能從你交上去的工作中看出來你究竟有沒有偷懶。

要試著從工作中發現樂趣，如果你能從你的職業中找出令你感興趣的工作方式，並且嘗試多做一點，試著多一點熱忱，可能會讓自己的工作做得更好，自己的心情也會更輕鬆。

很多人習慣只做自己分內的事情，或者只挑選容易完成的工作來做，對一些冗長或不重要的工作則能推就推，但實際上每一項工作都可以讓我們學到不少的東西，要知道你所有的貢獻與努力都是不會被永遠忽略的。

不要忘記工作的滿足感來自你一貫的表現和你對工作的熟練程度，因此要不斷地給自己充值，加深自己的專業知識，為公司的整體利益做出直接的貢獻。

不要把你個人的情緒發洩到公司的客戶或者其他人身上，即使是在電話中。當自己情緒不佳的時候，最好先把自己的情緒調整好，然後再用最專業的精神狀態去面對自己的工作。一個總是把自己的情緒帶到工作中的人，在任何公司都是得不到重用的。

不要一到下班時間就馬上消失得無影無蹤，每一天我們都有自己要完成的任務和要解決的問題，如果你沒能在下班之前把問題解決掉，那你必須讓別人知道，以防情況發生變化。如果下班之後，你不能繼續留下來幫忙，那麼你應該在到家之後打個電話回公司看看事情是不是已經受到控制。

不要濫請病假，應該考慮到自己在工作上的缺席可能會給其他人帶來的影響，當你的病假缺席變成一種習慣之後，上司會覺得公司的工作有你沒你都可以照常進行，那你的地位就岌岌可危了。

不要提交一份連你自己都不滿意的報告，更不要在報告中含糊其辭，言之無物，作為公司的職員，你不只有填寫報告的義務，也有提出改善意見的責任。如果你發現有問題卻不提出來，老闆會認為是你發現不了問題，對你的工作能力會產生懷疑。

不要言而無信，曾經對自己的同事和上司應承過的事情就一定要辦到，否則會讓所有與你工作上有關係的人都生活在惶恐之中。

不要只是一味等待或按照別人的吩咐做事，覺得自己沒有做出任何決定，不用擔負任何責任，出了錯也不用受到責備。這樣的心態和做法，只能讓別人覺得你目光短淺，而且沒有責任感。

對老闆來說，錄用一個職員，當然希望這個職員能夠盡心盡力地為公司效力。他付給你薪酬，而你付給他與薪酬相當的勞動力，在老闆的眼中，你們之間也是一種交易的關係。他不可能在僱用你的同時，不希求你任何的回報，當然更不希望在付你薪酬的同時，你還背著他做一些不利於他的事情。

你必須清楚，一個對自己的工作三心二意的人根本就沒有辦法出色地完成自己的本職工作。每一位身在公司的職員，都已經和公司連為了一體，公司的命運也就是你的命運，如果公司不幸倒閉，你也要跟著失業。所以，千萬別為了貪圖一時的閒暇而在工作上瞎混，這樣做根本得不到任何好處，對誰都沒有好處。

如果在一邊工作的時候，一邊還想著要如何有所保留，是不能夠提高自己的。一個人只有在發揮自己所有的潛能的時候，才有可能學到東西，並且提高自己。

保持樂觀和夢想

每個人都想成就一些偉大的事情。遺憾的是，大多數人從童年起就被壓制夢想，或至少被壓制談論自己的夢想。於是，他們學會了拋棄自己的夢想，只為現實生活而忙碌，而當他們在生活中受到挫折時，由於沒有夢想的支持，使得他們充滿了挫敗感。

有人說大多數夢想是不切實際的，但是別忘了，愛因斯坦也曾被人指責太愛做白日夢。下面這個人生目標單的故事說明了夢想的力量是多麼的神奇！

一個下雨的午後，十五歲的凱莉心血來潮，坐在洛杉磯家中的餐桌旁，在一張黃色便條紙上寫下八個字——「我此生要完成的事」標題下，她寫下了五十七個目標，之後，她已完成了四十九個目標。這些都不是易如反掌的目標，包括了攀登世界主要山峰、探索浩瀚的水域、五分鐘跑完一英里、讀完《莎士比亞全集》及整套《大英百科全書》。

事實上，有夢想並不是過錯，所有偉大的成功者能夠學會透過自我反省來調整自己的夢想。他們保持對價值觀的真誠，透徹地瞭解世界和自身，有效地管理束縛實現夢想的資源——時間、才華和動力。

一九七七年時，格雷娜還是個單親媽媽，有三個年幼的女兒，必須付房子和車子的貸款，而且必須重新點燃一些夢想。

有一個晚上，她參加了一場座談，聽到一位先生講演想像力乘以V（Vividness，逼真），等於R（Reality，事實）的原則，演說者指出心智以圖像而非以言語思考，當我們在心中逼真地刻劃想要的東西時，就會變成事實。

這個概念在格雷娜的心中觸動了創造力的琴弦，她知道《聖經》的真理，那就是上帝會賜給我們「心裡所求的」，「因為他心怎樣思量，他為人就是怎樣。」格雷娜下定決心把她所列出的禱告清單，轉化成圖像，她開始剪舊雜誌並搜集能描摹出「心裡所求的」的圖畫，裝在一本昂貴的相簿裡，心中熱切期待。

格雷娜挑的圖畫都非常具體，包括了：

(1)一個俊男

(2)一個穿婚紗的女子和一個穿燕尾服的男子

(3)花束（非常浪漫）

(4)漂亮的鑽石珠寶（給自己一個合理化的理由，那就是上帝愛大衛及所羅門，而他們兩人在歷史上最有錢的財主中榜上有名。）

(5)一座島嶼，位於藍得發亮的加勒比海上

(6)甜蜜的家

(7)新的傢俱

(8)一個剛晉陞為一家大公司副總裁的女子（格雷娜當時正在找一家沒有女性主管的公司，她想成為這個公司的第一位女副總裁。）

大約八週後，格雷娜開車行駛在加州的一條公路上，腦海中全是早上十點半的那筆生意，突然間有一輛很體面的紅白色凱迪拉克從她旁邊經過；她注視著這輛車，因為它很漂亮，開這輛車的人看著她，對她微笑，格雷娜也回他一個微笑，因為格雷娜經常都面帶微笑，但此刻她心裡想：我的麻煩可大了！你曾經做過類似的事嗎？她假裝沒看他。「你以為我是誰啊？我根本沒看你。」接下來的十五里路，他都一直跟蹤格雷娜，快把格雷娜嚇死了！格雷娜開了幾里路，他也開幾里路，格雷娜停車，他也跟著停車……到最後格雷娜嫁給了他！

他們第一次約會的隔天，吉米就送格雷娜一束玫瑰，然後格雷娜發現他有一個嗜好，他的嗜好就是搜集鑽石，而且是大顆的！他希望能找人家試戴，她就自告奮勇了！他們交往了兩年，每週一清晨她都會收到他寄來的一朵長梗玫瑰及一封愛的小語。

大約是他們快結婚的前三個月，吉米對格雷娜說：「我已經找到渡蜜月的好地點，我們要去加勒比海上的聖約翰島。」她笑著回答：「真是出乎我的意料之外！」

直到格雷娜和吉米結婚快一年之後，格雷娜才告訴他有關圖畫冊的事，也就是在那時，他們搬進了豪華的新居，用格雷娜想像中的那套典雅傢俱來裝潢他們的新居（吉米剛好變成東岸一家知名的傢俱製造商在西岸的零售代理人。）

此外，婚禮在加州的拉古那海灘舉行，婚紗及燕尾禮服都變成事實，就在格雷娜完成夢幻相簿的八個月之後，她變成公司人力資源部的副總裁。

就某種層面而言，這聽起來像神話故事，但這一切絕對都是真的。自從他們結婚以後，已完成了數本「夢幻圖畫簿」。

在生活的各方面決定你想得到的東西，繪聲繪色地想像這些東西，然後確實地建構你個人的夢想小札，針對你的願望展開行動，借由這個簡單的練習，把你的想法轉變成具體的事實。世上沒有不可能實現的夢，而且你要記住，上帝早已承諾要給他的子民們心裡所求的。

事實上，我們每一個人，都會遇到難關。成功與否，就要看這個人是能夠突破難關還是看到難關就絕望放棄。處在逆境之中的我們，假若心裡一個勁地想著面前的困難，就很難調整好自己的心態，很難使自己保持平和和樂觀，這樣的我們是難以順利找到解決困難的辦法的。相反，那些不管怎樣的難關，都想去突破，都想去努力的人就一定能夠成功。

大發明家愛迪生也是這樣一個人，在任何情況下，不管經歷多少次失敗，他都能保持一種樂觀的精神。

一九一四年十二月的一個晚上，西橘城規模龐大的愛迪生工廠遭到大火，工廠幾乎全毀了。那一晚，愛迪生損失了兩百萬美元，他許多精心的研究也付之一炬。更令人痛心的是，他的工廠保險投資很少，每一塊錢只保了一角錢，因為那些廠房是鋼筋水泥所造，當時人們認為那是可以防火的。

此時的愛迪生已經六十七歲了。當他的兒子查爾斯・愛迪生緊張地跑去找他的父親時，他發現老愛迪生就站在火場附近，滿面通紅，滿頭白髮在寒風中飄揚。

查爾斯後來向人描述說：「我的心情很悲痛，他已經不再年輕，所有的心血卻毀於一旦。可是他一看到我卻大叫：『查爾斯，你媽呢？』我說：『我不知道。』他又大叫：『快去找她，立刻找她來，她這一生不可能再看到這種場面了。』」

隔天一早，老愛迪生走過火場，看著所有的希望和夢想毀於一旦，原本應該痛心絕望的他卻說：「這場火災絕對有價值。我們所有的過錯，都隨著火災而毀滅。感謝上帝，我們可以從頭做起。」

三週後，也就是那場大火之後的第二十一天，他製造了世界上第一部留聲機。

我們知道，樂觀有助於克服困難，而夢想則有助於我們保持這種樂觀，保持積極向上的動力。要知道，那些有夢想的人也會遇到生活中的起起落落，但他們與常人的區別在於對待逆境的態度。他們把每一次挫折看做只是暫時的，不會影響自身的努力。他們絕不會屈服於質疑並說：「這是個錯誤，我遇到麻煩了。」他們也不會自己嚇唬自己說挑戰是多麼巨大，而是全心全力地專注於實現自己的目標。

所以，你千萬不要因為別人的幾句冷言冷語而讓自己的夢想之火熄滅。夢想是你成功的強大能源，只要你的眼光夠遠，總有一天，你會像從醜小鴨變成白天鵝，真正地從絕境中飛起來。絕境，對於消極悲傷的人來說才是絕境，而對於樂觀的，有遠大夢想的你來說，絕境只是一個可以讓你得到鍛鍊的難關。

你知道威廉．福克納嗎？在我的人生裡，當我遇到難關想要放棄的時候，總是拿他來鼓勵自己，不要放棄夢想，要勇往直前。

威廉是一個很有才華的人，他當過兵，讀過一年大學，還幹過當地的郵政所長。他很小就開始進行文學創作，模仿浪漫派詩人寫一些很傷感纏綿的詩歌。但是他什麼都做不長：大學讀了一年就退學了，郵政所長才幹了不到半年他就辭職了，此外，他還做過船長、油漆工、書店營業員……

他想成為一個大詩人。

他整天游手好閒，無所事事，腦子裡擠滿了感傷的詩句和古典的形象，因為他要寫詩。

到了近三十歲，他還是老樣子，因為他要寫詩，鎮上的人都看不起他，因為他一無所有，因為他從沒有真正寫過一首好詩。

他很憂鬱地離開了故鄉，來到了新奧爾良。他繼續過著從前的生活。直到有一天，他遇到了一位功成名就的老作家。他們成了朋友。老作家對他說：「你是個鄉下小子，你應該好好寫寫你的家鄉，寫寫你那個郵票般大小的家鄉。」

威廉如夢初醒，他回到家鄉，閉門謝客，開始全力以赴地潛心寫作。此後，他再也沒有寫過詩。而他那些描寫他的南方故鄉的小說卻在全世界為他贏得了很高的榮譽。

人們對夢想總是持一種鄙夷或不屑的看法，但事實上每個人，從童年到老年，誰也無法擺脫夢想的弓弦。當你遇到挫折的時候，想像一下問題的答案，想像你正衝向終點，這樣的想像往往能給你勇氣和力量，使你增加耐力、百折不撓、向理想邁進。而世界上最有價值的人，就是那些能夠遠遠望見世界文化的將來，預先瞻望到人類在未來必能從今日所有的種種束縛、迷信中釋放出來，能夠預見到事情的必然，同時也有能力去實現它的人。

人類最神聖的遺傳，就是那種使我們善於夢想的力量。只要你相信有一個較好的明天會來臨，那今天的痛苦對你來說就算不了什麼。對於那些真正善於夢想的人，就是面對鐵窗石壁也不會視作牢獄。

所以說，一個人如果常常將自己從一切煩惱和痛苦的環境中掙脫出來，並投入到一種和諧、美麗、真誠的生活中，這便是一種幸福。

當然，我們還應該注意到，有了樂觀與夢想，同時還必須有實現夢想的堅強意志與決心。

後記

徒有夢想不去努力，徒有願望而不拿出軟管理來實現它，那是不能成事的。只有透過實際的行動才能使夢想實現，只有為夢想而付出艱辛的努力才能成功，才能在挫折和失敗中再一次站起來。

為什麼找不到好工作？：態度決定你的下一個工作

（讀品讀者回函卡）

■ 謝謝您購買這本書，請詳細填寫本卡各欄後寄回，我們每月將抽選一百名回函讀者寄出精美禮物，並享有生日當月購書優惠！
想知道更多更即時的消息，請搜尋“永續圖書粉絲團”

■ 您也可以使用傳真或是掃描圖檔寄回公司信箱，謝謝。
傳真電話：（02）8647-3660　　信箱：yungjiuh@ms45.hinet.net

◆ 姓名：＿＿＿＿＿＿＿＿＿＿ □男 □女　□單身 □已婚

◆ 生日：＿＿＿＿＿＿＿＿＿＿ □非會員　□已是會員

◆ **E-mail**：＿＿＿＿＿＿＿＿＿＿ 電話：(　)＿＿＿＿＿＿

◆ 地址：＿＿＿＿＿＿＿＿＿＿＿＿＿＿＿＿＿＿＿＿

◆ 學歷：□高中以下 □專科或大學 □研究所以上 □其他＿＿＿＿

◆ 職業：□學生 □資訊 □製造 □行銷 □服務 □金融
□傳播 □公教 □軍警 □自由 □家管 □其他＿＿＿＿

◆ 閱讀嗜好：□兩性 □心理 □勵志 □傳記 □文學 □健康
□財經 □企管 □行銷 □休閒 □小說 □其他

◆ 您平均一年購書：□ 5本以下 □ 6～10本 □ 11～20本
□21～30本以下 □ 30本以上

◆ 購買此書的金額：＿＿＿＿＿＿＿＿

◆ 購自：□連鎖書店 □一般書局 □量販店 □超商 □書展
□郵購 □網路訂購 □其他

◆ 您購買此書的原因：□書名 □作者 □內容 □封面
□版面設計 □其他

◆ 建議改進：□內容 □封面 □版面設計 □其他＿＿＿＿＿＿

您的建議：

剪下後傳真、掃描或寄回至「22103新北市汐止區大同路三段194號9樓之1讀品文化收」

2 2 1-0 3

新北市汐止區大同路三段194號9樓之1

讀品文化事業有限公司 收

電話/(02)8647-3663 傳真/(02)8647-3660

劃撥帳號/18669219 永續圖書有限公司

請沿此虛線對折免貼郵票或以傳真、掃描方式寄回本公司，謝謝！

讀好書品嚐人生的美味

為什麼找不到好工作？：態度決定你的下一個工作